よくわかる
トポロジー

山本 修身 著
Osami Yamamoto

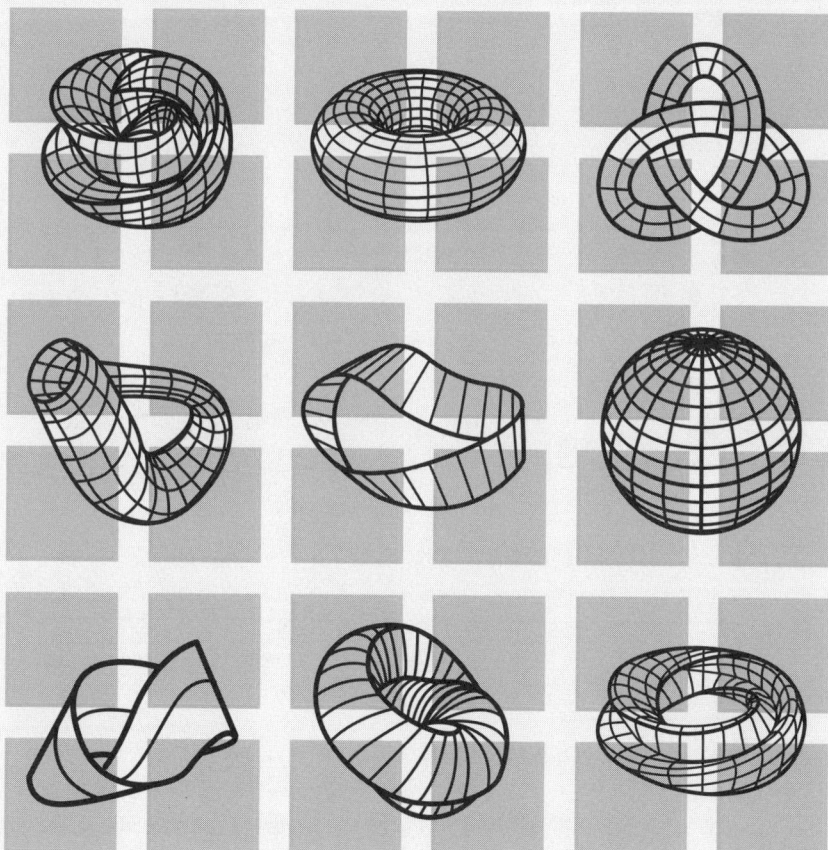

森北出版株式会社

●本書のサポート情報を当社Webサイトに掲載する場合があります．下記のURLにアクセスし，サポートの案内をご覧ください．

https://www.morikita.co.jp/support/

●本書の内容に関するご質問は，森北出版 出版部「(書名を明記)」係宛に書面にて，もしくは下記のe-mailアドレスまでお願いします．なお，電話でのご質問には応じかねますので，あらかじめご了承ください．

editor@morikita.co.jp

●本書により得られた情報の使用から生じるいかなる損害についても，当社および本書の著者は責任を負わないものとします．

■本書に記載している製品名，商標および登録商標は，各権利者に帰属します．

■本書を無断で複写複製（電子化を含む）することは，著作権法上での例外を除き，禁じられています．複写される場合は，そのつど事前に(一社)出版者著作権管理機構（電話03-5244-5088, FAX03-5244-5089, e-mail:info@jcopy.or.jp）の許諾を得てください．また本書を代行業者等の第三者に依頼してスキャンやデジタル化することは，たとえ個人や家庭内での利用であっても一切認められておりません．

まえがき

　本書は，南山大学瀬戸キャンパス数理情報学部（現南山大学理工学部）での講義「幾何学入門」の授業内容をまとめたものです．この講義の内容は，「幾何学の入門的なもの」です．また，この講義は，数学を専門に学ぶ学生向けではなく，微分積分や線形代数だけを理解している学生を対象としたものです．講義のタイトルから連想されるいろいろな幾何学の概論ではなく，トポロジー（位相幾何学），特にホモトピーやホモロジーに焦点を当てて講義を行いました．

　位相幾何学の初歩の部分は，特別な数学の予備知識がなくても理解できる分野です．この分野は，いくつかの定義から論理的な操作によって結果を導く部分が多く，この分野を学ぶことは，たとえ数学を専門とする学生でなくても，適当な数学的思考を通して，論理的にものを考えるよい訓練となります．昨今，単に公式を覚えただけで，それを使える状況やその意味が理解できない学生が増えていると思います．問題を解くための勉強ではなくて，美しい数学的な世界を眺めてその構造を理解することは，間接的にわれわれのまわりの多くの数学的な現象を理解する助けになるものと思います．

　本書では，上記のように，「覚える」ことではなく，「考える」ことを中心に構成することを心がけました．また，繰り返しになりますが，本書は数学を専門とする学生のためではなく，この分野に触れてみたい，この分野を眺めてみたいという人のためのものです．したがって，証明などはかなり簡略化されていたり，厳密性を欠いていたり，省略されていたりしますが，それよりは，全体の構造が見えることのほうが重要であると考え，あえて厳密な証明などは行っていません．読者が本書全体の雰囲気から，数学全般に興味をもってもらえれば，本書の目的は達成されたと思います．

　本書の執筆にあたり，森北出版の上村紗帆氏に大変お世話になりました．ここに感謝いたします．

2015 年 2 月

山本修身

目 次

第1章 トポロジーとは何か　　1
　1.1 伸び縮みする図形 　　1
　1.2 図形の特徴の取り出し 　　3

第2章 集合とそこから広がる世界 　　5
　2.1 集合とは何か 　　5
　2.2 「関係」の世界 　　10
　2.3 写像と変換 　　12
　演習問題2 　　15

第3章 オイラーの定理 　　17
　3.1 平面図形について考えてみる 　　17
　3.2 立体図形についての議論 　　20
　3.3 正多面体の種類 　　21
　3.4 点と線のみの世界 　　24
　演習問題3 　　26

第4章 距離空間と位相空間 　　28
　4.1 ユークリッド空間 　　28
　4.2 ユークリッド空間における近傍 　　30
　4.3 一般の位相空間 　　33
　4.4 部分集合の位相 　　35
　演習問題4 　　36

第5章 滑らかに変化するとはどういうことか ── 連続性 ── 　　38
　5.1 直感的に関数が連続であるということ 　　38
　5.2 位相空間から位相空間への写像の連続性 　　42

5.3	正方形から正方形への不連続写像と不連続点	43
5.4	二つの図形が同相であるということ	44
演習問題 5		45

第 6 章　展開図で考える ── 閉曲面の世界 ── 　　47
6.1	立方体の展開図	47
6.2	「貼り合わせる」ということ	49
6.3	展開図で表現されたいろいろな面	51
6.4	射影平面から円盤を切り抜く	52
演習問題 6		54

第 7 章　群というアイデアで遊ぶ　　56
7.1	自然数と整数	56
7.2	符号とは何か，余りとは何か	58
7.3	群の定義	60
7.4	群の例 ── 数でないものを数のように扱う ──	62
7.5	群の表現方法 ── 群とその生成元 ──	66
7.6	正規部分群と準同型定理	68
7.7	交換子群と群の可換化	70
演習問題 7		72

第 8 章　じわじわと動かす ── ホモトピー ──　　73
8.1	空間の中を歩いてみる	73
8.2	経路とホモトピーの定義	75
8.3	ホモトピーの性質	76
8.4	経路の演算	77
演習問題 8		79

第 9 章　基本群の話　　81
9.1	敷地の基本群	81
9.2	敷地の基本群を形式的に記述する	84
9.3	基本群は基点の位置によって変わらない	85
9.4	トーラスの基本群	85
演習問題 9		88

第10章　いろいろな図形の基本群　　　　　　　　　　89

- 10.1　射影平面の基本群を計算してみる ……… 89
- 10.2　クラインの壺の基本群 ……… 91
- 10.3　3次元空間の中の結び目の基本群 ……… 93
- 演習問題 10 ……… 95

第11章　単体と複体の話　　　　　　　　　　96

- 11.1　単体とは何か ……… 96
- 11.2　単体の面 ……… 98
- 11.3　単体を組み合わせて複体を作る ……… 98
- 11.4　単体分割を用いて同型性を示す ……… 100
- 11.5　単体に向きをつける ……… 101
- 演習問題 11 ……… 103

第12章　鎖とその境界　　　　　　　　　　105

- 12.1　線形代数を思い出そう ……… 105
- 12.2　鎖とは何か ……… 107
- 12.3　境界演算子 ……… 109
- 12.4　輪体群，境界輪体群 ……… 110
- 演習問題 12 ……… 112

第13章　ホモロジー群の世界　　　　　　　　　　114

- 13.1　線形代数再び —— 補空間の世界 —— ……… 114
- 13.2　境界演算子の性質 ……… 116
- 13.3　ホモロジー群とは ……… 119
- 13.4　オイラーの定理について考える ……… 120
- 演習問題 13 ……… 122

第14章　いろいろな図形のホモロジー群　　　　　　　　　　123

- 14.1　単純な図形のホモロジー群を計算する ……… 123
- 14.2　穴があいた図形のホモロジー群 ……… 125
- 14.3　射影平面のホモロジー群はどうなるか ……… 127
- 14.4　1次元のホモロジー群 H_1 と基本群 π_1 の関係 ……… 130
- 演習問題 14 ……… 135

第 15 章　おわりに　　136
- 15.1　ホモトピー群の話　　136
- 15.2　特異ホモロジー群の話　　140
- 15.3　さらなる勉強のために　　143

付録 A　ε-δ 論法と連続性　　145
- A.1　数列の収束について　　145
- A.2　実数関数の連続性について　　147
- A.3　位相空間上の関数としての連続性と lim による連続性　　148

付録 B　射影空間と射影変換　　151
- B.1　反比例のグラフは連続か　　151
- B.2　ユークリッド平面の射影化　　152
- B.3　$P(\mathbb{R})^2$ 上の曲線について　　154
- B.4　射影平面 $P^2(\mathbb{R})$ 上の曲線について　　156
- B.5　リーマン球面上の曲線について　　159

演習問題解答　　161
索　引　　179

記号一覧

第2章

$x \in A$	x は集合 A に含まれる
$x \notin A$	x は集合 A に含まれない
$A \cap B$	集合 A と B の共通部分
$A \cup B$	集合 A と B の和集合
$A \setminus B$	集合 A から B を除いた差集合
$\bigcap_{i=1}^{n} A_i$	集合の列 $A_1, \ldots A_n$ の共通部分
$\bigcup_{i=1}^{n} A_i$	集合の列 $A_1, \ldots A_n$ の和集合
$\bigcap_{\lambda \in \Lambda} A_\lambda$	集合 Λ に含まれる要素 λ によって決まる集合全体の共通部分
$\bigcup_{\lambda \in \Lambda} A_\lambda$	集合 Λ に含まれる要素 λ によって決まる集合全体の和集合
(x, y)	x, y による順序対
$A \times B$	集合 A と B の直積
$\mathcal{P}(X)$	集合 X のべき集合
A^c	集合 A の補集合
aRb	a と b は関係 R をもつ
$f : X \to Y$	f は集合 X から Y への写像である
$f : x \mapsto y$	写像 f は要素 x を要素 y へ写像する
$f^{-1}(B)$	写像 f による B の原像(逆像)
$\mathrm{Im} f$	写像 f の像

第3, 4章

$p(X)$	平面図形 X の点の個数
$s(X)$	平面図形 X の線の本数
$f(X)$	平面図形 X の面の個数
e	オイラー標数
$\mathbb{R}$	実数の集合
$\mathbb{R}^n$	n 次元ユークリッド空間
$d_2(p, q)$	ユークリッド空間の点 p, q のユークリッド距離
$d_1(p, q)$	点 p, q のマンハッタン距離
$N_\varepsilon(p)$	点 p の ε 近傍
$\mathcal{O}$	位相空間の開集合族

第7章

$s(n)$	サクセッサ関数
$\mathbb{Z}$	整数の集合
$a \circ b$	演算 $\circ$ による a と b の演算結果
$\phi(x)$	準同型写像 ϕ による x の像
G, H	群
$H \cong G$	群 H と G は同型である
$\langle a, b \mid c \rangle$	a, b を生成元として,条件 $c = e$ を満たす群
Ha, aH	部分群 H の a による右剰余類,左剰余類
G/H	群 G をその部分群 H で割った商群
$\mathrm{Ker}\, f$	写像 f のカーネル
$[a, b]$	a, b の交換子
$D(G)$	群 G の交換子群

第8, 9章

p, p_1, p_2, a, b, c	経路

$a \sim b$	経路 a と b はホモトピックである
F, G, H	ホモトピックな二つの経路を結びつける連続写像(ホモトピー)
$u \cdot v$	経路 u と v をつなぎ合わせた経路
$\pi_1(X;A)$	図形 X の基点を A としたときの基本群

第 11, 12 章

S_m	n 次元ユークリッド空間中の $m-1$ 次元単体
$\lvert a_1 a_2 \cdots a_m \rvert$	点 $a_1, \ldots, a_m$ の凸結合として得られる $m-1$ 次元単体
K	複体
$\langle a_1 a_2 \cdots a_m \rangle$	点 $a_1, \ldots, a_m$ による向きを考慮した $m-1$ 次元単体
$o, 0$	ゼロベクトル
$C_n(K), C_n$	複体 K の n 次元鎖群
∂c	鎖 c の境界

第 13, 14 章

$B_n(K), B_n$	複体 K の n 次元境界輪体群
$Z_n(K), Z_n$	複体 K の n 次元輪体群
$H_n(K), H_n$	複体 K の n 次元ホモロジー群
R_n	n 次元ベッチ数
χ	オイラー標数

$c_1 \simeq c_2$	鎖 c_1 と c_2 はホモロジー群の同じ要素に対応する

第 15 章

$\pi_2(X;P)$	図形 X の基点 P による 2 次元ホモトピー群
Δ_n	n 次元標準単体

付録 A

$\lim_{n \to \infty} a_n = \alpha$	数列 a_n は α に収束する
$\lim_{x \to \beta} f(x) = \alpha$	x を両方向から β へ近づけると $f(x)$ は α へ収束する
$\forall \varepsilon\, P(\varepsilon)$	あらゆる ε について述語 $P(\varepsilon)$ が真である
$\exists n_0\, Q(n_0)$	ある n_0 が存在して述語 $Q(n_0)$ が真となる

付録 B

$(x,y) \sim (x',y')$	同次座標 (x,y) と (x',y') は同じ点を表す
$P(\mathbb{R})$	1 次元実射影空間
$P^2(\mathbb{R})$	2 次元実射影空間
$(x,y,z) \sim (x',y',z')$	同次座標 (x,y,z) と (x',y',z') は同じ点を表す
i	虚数単位 $\sqrt{-1}$
$\mathbb{C}$	複素平面(複素数の集合)
$P(\mathbb{C})$	リーマン球面

第 1 章 トポロジーとは何か

本書で扱う分野はトポロジー（位相幾何学）です．トポロジーは，幾何学の一分野です．ここでは，トポロジーの基本的な考え方について簡単に解説します．

1.1 伸び縮みする図形

本書で対象とするのは図形です．ここでは，図形は点の集まりと考えますが，重要なのは，図形をどのように区別するのかということです．図 1.1 に示す三角形と円盤は，普通に考えれば異なる図形ですが，トポロジーでは同じ図形として考えます．図 1.1 に示すように，三角形の辺の部分を膨らませれば，円に滑らかに変形することができるからです．このように，伸ばしたり縮めたりすることで互いに変形できる図形は同じであると考えます．

それでは，このように考えたとき，異なる図形とは何でしょうか．たとえば，図 1.2 の一番左と一番右に示す円盤と円盤の真ん中をくり抜いた図形は，異なる図形です．円盤の真ん中に一度切り込みを入れてしまえば，あとは徐々に切り込みを拡大させることによって，一番右の図形にすることができます．ここで，一番左の円盤とそのす

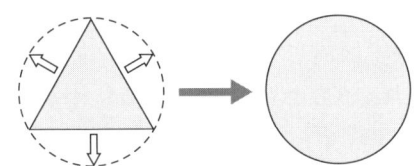

図 1.1　トポロジーでは三角形と円盤は同じものである

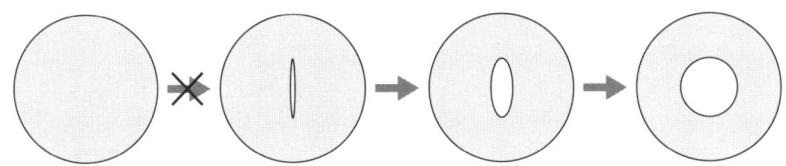

図 1.2　円盤に切り込みを入れるともはや同じ図形ではない．左の二つの図形は「同じ」図形ではない．

ぐ右の円盤に切り込みの入った図形では，点のつながり具合が違います（切り込みの部分で左右つながっていない）．このように，トポロジーで問題にするのは，点どうしがどのようにつながっているのかということです．

　もう一つ例を見てみましょう．3次元空間におかれた図形の例です．図1.3に示すような上下の部分を切り落とした球面と，底面のついていない円柱は同じものです．それは，左の球面の上下の切り口に指を入れて球面を開いて伸ばせば，右の円柱面にすることができるからです．このように考えると，見た目では異なる多くの図形が同じものになります．本書でこれから述べるトポロジーは，このように図形を非常におおまかに眺めて，そこで異なる図形や同じ図形の共通点や相違点は何かということを議論します．

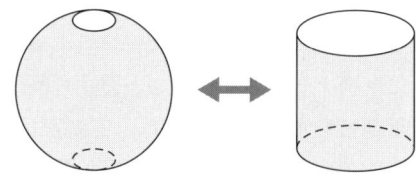

図1.3　球面の北極と南極に穴をあけた図形と底面のない円柱面

　さらにもう一つの例として，図1.4に示す空間に浮かんだ二つのループについて考えてみます．左側のループは自分自身で結び目を作っていて，それをほぐしても右側のような単純なループに解くことはできません．この二つのループは同じ図形でしょうか．トポロジーではこれらは同じものと考えます．それは，前述のように，「同じ」である基準が「つながり方が同じであるか」ということだからです．結び目があっても部分部分で点が連なってループの一部を構成し，全体としてぐるっと回って同じところに戻ってくるという構造は同じだからです．

　しかし，これはわれわれの直感と異なるのではないかと思われるかもしれません．実はこの二つのループは「同じ」ループなのですが，空間全体からこのループを除外した図形（補集合）は異なります．われわれが直感的に二つのループが「違う」と

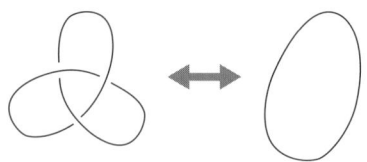

図1.4　結び目をもつループと単純なループ．
　　　ループとしては同じ図形であるといえる．

いっているのは，補集合の図形が異なるということをいっています．

1.2 図形の特徴の取り出し

　前節で述べたような図形の見方をしたとき，二つの図形が違う図形であるということをいうためには，その図形から取り出される適当な特徴を比較すれば可能になります．ただし，この特徴は，「同じ」図形については同じである必要があります．このような特徴のことを不変量とよびます．

　図 1.3 に示した円柱面について考えてみましょう．多少高さを調整して側面が帯状になったものを図 1.5 の左上に示します．さらに，この図形の帯状の部分を一か所切って，裏表を入れ替えて改めてのりづけしたものを図 1.5 の右上に示します．後者はメビウスの輪とよばれているものです．これら二つ図形は同じでしょうか．

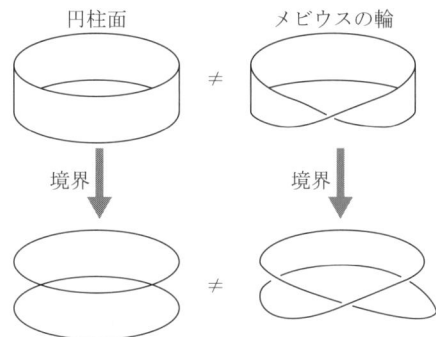

図 1.5　円柱面とメビウスの輪．それぞれの境界は円柱面については 2 本のループとなり，メビウスの輪については 1 本のループとなる．このようにして眺めると両者の違いがはっきりする．

　ここで，図形の特徴として境界を考えます．境界とは，大雑把に説明すれば，「端」のことです．面の内部は端ではありません．ほんの少しズレるとその面から落ちてしまう限界の位置の点を集めたものが境界ということになります．図 1.5 の二つの図形の端を考えると，円柱面は 2 本のループになり，メビウスの輪の境界は 1 本のループになります．これらは明らかに別の図形なので，もとの二つの図形も異なる図形であることがわかります．

　トポロジーでは境界が非常に重要であり，図形を解析するための有力な道具となります．ここでは，境界をそのまま不変量として用いて説明しました．本書ではいくつかの不変量を定義して，それらを用いて図形の違いを明らかにしていきます．注意しなければならないのは，このような不変量が異なれば，図形どうしが異なっていると

いうことがいえますが，逆は正しくありません．そのため，図形をより細かく眺めることのできる不変量が優れた不変量であるといえます．

　本書では厳密な証明を省き，図形の形から初等的かつ直感的に図形を解析していきます．それは，厳密性を重視する立場からは不十分であるかもしれませんが，ある程度数学の様式に沿って議論を進めながら図形の性質を論理的に理解するという立場からは有用であると思います．単純な性質を組み合わせることによって，われわれが日々の生活の中で出会ういろいろな図形の性質が見えてくると思います．

第2章 集合とそこから広がる世界

この章では，本書で用いる集合をはじめとする基本的な概念について解説します．集合は，数学におけるあらゆる対象を記述する道具です．幾何学的な対象もすべて集合として定義されます．また，写像や群といった道具も，やはり集合を使って表現されます．ここでは，集合の解説と，そこから派生する関係や写像について解説します．

2.1 集合とは何か

集合とは何なのか．その質問に的確に答えることは難しいと思います．一般的な教科書を読めば，「集合とはものの集まりのことである」というようなことが書いてありますが，わかったようなわからないような変な気分になります．しかし，このよくわからない「集合」というものがあらゆる数学の基礎となります．数学では，いろいろな事柄を単純化し統一的に扱おうと考えます．その過程では，物事を平坦かつ画一的に扱うことが必要です．また，ものそれ自体が何なのかということではなくて，ある「もの」があるグループに属しているかそうでないかということだけに焦点を当てたいということがあります．それを形式化すると集合になります．

集合は物事の集まりですが，その物事が何であるかということは問題にしません．集合で問題にするのは，ある物事がその集合に要素として含まれるか否かだけです．そのため，「集合に同じ要素が二つ入っている」という考え方も成り立ちません（そもそも「同じ」という言葉の定義があいまいになってきますが）．ここでは，それほど厳密に考える必要はありません．幾何学（図形の性質を解析する数学）で用いる集合は「点」の集合であり，それらは座標として表現されるかもしれませんし，それ以外の方法で表現されるかもしれません．

ある集合を X と表現する場合，ある「もの」x が X の要素であることを

$$x \in X \tag{2.1}$$

と書きます．また，要素でない場合，

$$x \notin X \tag{2.2}$$

と書きます．これら二つのケースは排他的です．すなわち，二つのケースが同時に起

こることはありえません．また，どちらかのケースが必ず起こります．

集合の要素は，系統的に列挙できる場合と系統的に列挙できない場合があります．たとえば，自然数の集合の要素は $0, 1, 2, \ldots$ のように列挙することができます．この場合，

$$S = \{0, 1, 2, \ldots\} \tag{2.3}$$

のように記述します．また，要素を一つも含まない集合を**空集合** (empty set) とよび，$\emptyset$ で表します．すべての集合が要素の列挙で書けるわけではありません．たとえば，1 以上 2 以下の実数の集合を T とすると，T の要素を系統的に列挙することはできません．この場合，記述方法として

$$T = \{x \mid x \text{ は実数 かつ } 1 \leq x \leq 2\} \tag{2.4}$$

のように書く方法があります．この方法は，縦棒 (|) の左側に変数，右側にその変数が満たすべき性質を書きます．その性質を満たすすべての「もの」がこの集合の要素と定義されます．このような記述方法を許すといろいろな集合が記述できますが，反面，その集合がどのような集合なのか，直接的にはわからなくなります．

集合は非常に自由度の高いものです．ありとあらゆる対象を集合として眺めることができます．いろいろな集合を定義した場合，集合間の関係を定義しておくと便利です．集合どうしの関係として，ここで定義するのは「部分集合」という関係です．これは，「ある集合の要素がすべてもう一つの集合の要素になっている」という関係です．この関係は，式で書けば，

$$x \in S \text{ ならば } x \in T \tag{2.5}$$

となります．この関係が成り立っているとき，S は T の**部分集合** (subset) であるといい，$S \subset T$ と書きます．また，$T \supset S$ とも書きます．さらに，$S \subset T$ かつ $S \neq T$ の場合，S は T の**真部分集合** (proper subset) であるといい，$S \subsetneq T$ と書きます．この集合どうしの関係と，要素が集合に含まれるということを，決して混同しないでください．

また，集合と集合の演算についてもいくつか定義しておきます．集合は，要素を含むか含まないかがその本質なので，集合の演算もつぎのように定義されます．

$$A \cap B = \{x \mid x \in A \text{ かつ } x \in B\} \tag{2.6}$$

$$A \cup B = \{x \mid x \in A \text{ または } x \in B\} \tag{2.7}$$

$$A \setminus B = \{x \mid x \in A \text{ かつ } x \notin B\} \tag{2.8}$$

これらの演算は，それぞれ**共通部分** (intersection)，**和集合** (union)，**差集合** (difference) とよばれます．三つ以上の集合の共通部分は，どの順番に演算 $\cap$ を適用しても結果は

変わりません．n 個の集合 A_i $(i=1,\ldots,n)$ の共通部分を

$$\bigcap_{i=1}^{n} A_i \tag{2.9}$$

と書きます．また，ある集合 Λ の要素 λ によって決まる集合 A_λ の Λ のすべての要素に関する共通部分を

$$\bigcap_{\lambda \in \Lambda} A_\lambda \tag{2.10}$$

と書きます．和集合についても同様にして，

$$\bigcup_{i=1}^{n} A_i, \quad \bigcup_{\lambda \in \Lambda} A_\lambda \tag{2.11}$$

が定義できます．

集合についてさらに強力な演算として，直積があります．直積を説明するには，まず順序対について説明しなくてはなりません．**順序対** (ordered pair) とは，二つの「もの」をつないだものです．たとえば，x というものと y というものをつなぐのならば，(x,y) と書きます[*1]．このとき，順序が重要です．順序が入れ替わると別のものになります．また，$(x,y) = (a,b)$ ならば，$x=a, y=b$ が成り立ち，そのときに限り，$(x,y) = (a,b)$ が成り立つことが必要です．たとえば，2 本の数直線の要素によって作った順序対を，われわれは「2 次元座標」として利用しています．また，三つの要素をつないで一つの組としたものは，$(x,y,z) = ((x,y),z)$ と二重に順序対を用いることで実現できます．

二つの集合 A, B が与えられたとき，その**直積** (direct product) は

$$A \times B = \{(x,y) \mid x \in A \text{ かつ } y \in B\} \tag{2.12}$$

と定義されます．また，$A \times A$ のことを A^2 と書くことがあります．

このほか，ある集合の部分集合のみを考えることがあります．この場合，もとの集合 X を**全体集合** (universal set) とよびます．X の部分集合の全体を $\mathcal{P}(X)$ と書いて，X の**べき集合** (power set) とよびます．すなわち，

$$\mathcal{P}(X) = \{Y \mid Y \subset X\} \tag{2.13}$$

です．また，$A \subset X$ について，$X \setminus A$ のことを A の**補集合** (complement) とよび，A^c と書きます．

例 2.1 $X_3 = \{1,2,3\}$ のべき集合は，

[*1] $(x,y) = \{\{x\}, \{x,y\}\}$ と定義することによって，順序対を集合で表現することができます．

$$\mathcal{P}(X_3) = \{\emptyset, \{1\}, \{2\}, \{3\}, \{1,2\}, \{2,3\}, \{3,1\}, \{1,2,3\}\} \tag{2.14}$$

となります．べき集合としての要素である部分集合は，それぞれの要素が含まれるか，含まれないかの 2 通りを指定することによって決まり，その決め方はそれぞれの要素ごとに自由に決められるので，この場合，要素の個数は $2^3 = 8$ となります．一般に，n 個の要素をもつ集合のべき集合の要素数は 2^n となります．

共通部分，和集合と補集合の操作を組み合わせたとき成立する性質として，**ド・モルガンの法則** (De Morgan's laws) とよばれるものがあります．それは，A, B を集合としたとき，

$$(A \cap B)^c = A^c \cup B^c \tag{2.15}$$

$$(A \cup B)^c = A^c \cap B^c \tag{2.16}$$

となるというものです．式 (2.15) は，

$$x \in (A \cap B)^c \Leftrightarrow x \notin A \cap B \Leftrightarrow x \notin A \text{ または } x \notin B$$

$$\Leftrightarrow x \in A^c \text{ または } x \in B^c \Leftrightarrow x \in A^c \cup B^c \tag{2.17}$$

より正しいことがわかります．式 (2.16) についても同様に示すことができます．さらに，この性質を複数回適用すると，$A_i \ (i = 1, \ldots, n)$ を集合として，

$$\left(\bigcap_{i=1}^{n} A_i \right)^c = \bigcup_{i=1}^{n} A_i^c \tag{2.18}$$

$$\left(\bigcup_{i=1}^{n} A_i \right)^c = \bigcap_{i=1}^{n} A_i^c \tag{2.19}$$

が成り立ちます．

一方，共通部分と和集合の操作が組み合わさると，以下のような性質が成立します．A, B, C を集合としたとき，

$$(A \cap B) \cup C = (A \cup C) \cap (B \cup C) \tag{2.20}$$

$$(A \cup B) \cap C = (A \cap C) \cup (B \cap C) \tag{2.21}$$

となります．ド・モルガンの法則と同様に，式 (2.20) は，

$$x \in (A \cap B) \cup C \Leftrightarrow x \in A \cap B \text{ または } x \in C$$

$$\Leftrightarrow (x \in A \text{ かつ } x \in B) \text{ または } x \in C$$

$$\Leftrightarrow (x \in A \text{ または } x \in C) \text{ かつ } (x \in B \text{ または } x \in C)$$

$$\Leftrightarrow (x \in A \cup C) \text{ かつ } (x \in B \cup C) \Leftrightarrow x \in (A \cup C) \cap (B \cup C) \tag{2.22}$$

と示すことができます.式 (2.21) についても同様に示すことができます.

例 2.2 2 以上の整数のうち,自分自身と 1 以外で割り切れない数のことを**素数** (prime number) とよびます.2, 3, 5, 7, 11 は小さいほうからとった五つの素数です.また,素数でない 2 以上の整数を**合成数** (composite number) とよびます.ここでは,素数を小さいほうから列挙する方法について考えます.素数は合成数ではないことから,素数の集合を P とおけば,全体集合を 2 以上の素数として,

$$P = (M_2 \cup M_3 \cup M_5 \cup \cdots)^c \tag{2.23}$$

と書くことができます.ただし,M_k は k よりも大きな k の倍数の集合とし,この式で M の添字は素数をとるものとします.ド・モルガンの法則より,

$$P = \left(\bigcup_{\lambda \in P} M_\lambda\right)^c = \bigcap_{\lambda \in P} M_\lambda^c \tag{2.24}$$

となります.さらに,a が合成数であるとすれば,$a = pq$ ($1 < p, q < a$) と書けることから,p, q のいずれかは $\sqrt{a}$ よりも小さくなります.したがって,$\sqrt{a}$ を超えない素数 r で割り切れるので,$a \in M_r$ となります.これより,

$$a \notin P \Leftrightarrow a \in M_2 \text{ または } a \in M_3 \text{ または} \cdots \text{または } a \in M_s \tag{2.25}$$

と書くことができます.ただし,s は $\sqrt{a}$ を超えない最大の素数とします.ド・モルガンの法則を用いて,

$$a \in P \Leftrightarrow a \in \left(\bigcup_{s \geq \lambda \in P} M_\lambda\right)^c = \bigcap_{s \geq \lambda \in P} M_\lambda^c \tag{2.26}$$

が得られます.これより,a 以下の素数を列挙するには,$\bigcap_{s \geq \lambda \in P} M_\lambda^c$ を列挙し,そこに含まれる a 以下の数を列挙すればよいことになります.これを実際に表の上で実行したものをエラトステネスのふるい (sieve of Eratosthenes) とよびます.図 2.1 に,40 以下の素数を列挙するためのエラトステネスのふるいを示します.

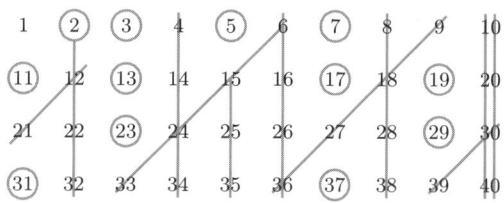

図 2.1 エラトステネスのふるいによって 40 以下の素数を求める

2.2 「関係」の世界

一つの集合についてのみ考えているだけでは，あまり世界は広がらないのですが，集合どうしの「関係」を考えると世界が広がっていきます．関係とは，「身長と体重には関係がある」とか「政治と経済は関係がない」などというときの「関係」です．これをどのように数学的に定義するかが問題です．集合 A, B の**関係** (relation) は，つぎのように定義されます．

$$R \subset A \times B \tag{2.27}$$

すなわち，関係 R とは，二つの集合の直積の部分集合です．この集合に入っているペア (a, b) は「関係 R がある」といい，そうでない場合，「関係 R がない」と表現します．$(a, b) \in R$ であることを aRb と書くこともあります（図 2.2 参照）．現在，われわれの身の回りで普通に使われている**関係データベース** (relational database) は，この関係をシステム化したものであるといえます．ただ単に「関係」というと，さまざまなものが考えられますが，以下ではわれわれの世界になじみの深いいくつかの関係について見てみます．

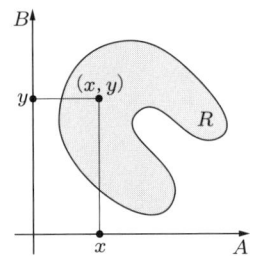

図 2.2 集合 A, B の間の関係 R

まず，よくある関係は大小の関係です．これは，数学の用語では順序関係とよびます．**順序関係** (order relation) R は，ある集合 A の二つの要素の間の関係で，つぎの性質が成り立つものです．

1. aRb かつ bRa ならば $a = b$ である（反対称律）．
2. aRb かつ bRc ならば aRc である（推移律）．
3. すべての要素 a について aRa である（反射律）．

順序関係をもつ集合を**順序集合** (ordered set) とよびます．順序集合で重要なのは，任意の二つの要素が比較できるとは限らないということです．われわれになじみの深い実数の集合や整数の集合は，どの二つの要素をとっても比較できます．このよ

うな集合を**全順序集合** (totally ordered set) とよびます．どの二つの要素も比較可能なので，これらの要素を一列に並べることができ，このような集合の順序は**線形順序** (linear order) ともよばれます．また，全順序集合ではない順序集合を**半順序集合** (partially ordered set) とよびます．

もう一つの重要な関係は，**同値関係** (equivalence relation) です．同値関係は，一言でいえば「同じである」という関係です．数学的にはつぎの性質を満たすものです．

1. すべての要素 a について aRa である（反射律）．
2. aRb かつ bRc ならば aRc である（推移律）．
3. aRb ならば bRa である（対称律）．

この関係は本書では非常に重要です．特に，同値関係が定義されると，それによってもとの集合をグループ分けすることができます．このようなグループ分けのことを**同値類** (equivalence class) といいます．同値関係は $a \sim b$ のように書くことがあります．この記号を使って同値類を定義すると，以下のようになります．集合 X 上に同値関係が定義されているとして，任意の要素 a の所属する同値類は

$$R(a) = \{x \in X \mid x \sim a\} \tag{2.28}$$

と定義できます．このように定義すると，つぎの性質が成り立ちます．

性質 2.1 任意の集合 X 上に同値関係 $\sim$ が定義されているとする．このとき，$\sim$ による同値類は互いに共通部分をもたず，すべての同値類は X を覆う．

[証明] 二つの要素 a, b について $a \sim b$ が成立するとすれば，$R(a) = R(b)$ となる．なぜならば，$x \in R(a)$ ならば，$x \sim a$ であり，$a \sim b$ であることから，$x \sim b$ が成り立つ．これより $x \in R(b)$．したがって，$R(a) \subset R(b)$．a と b を交換しても同様の議論が成り立つことから $R(a) = R(b)$．一方，$a \not\sim b$ ならば，$R(a) \cap R(b) = \emptyset$ である．なぜならば，$y \in R(a)$ かつ $y \in R(b)$ となる要素 y が存在すると仮定すると，$a \sim b$ となってしまい矛盾．任意の要素 $z \in X$ について $z \in R(z)$ であることから，任意の要素はいずれかの同値類に属する．以上より，この性質は証明された． [証明終わり]

結局，同値類は図 2.3 に示すような形になります．対象となる集合を同値類に分けることは，数学では非常に重要なテクニックであるといえます．この本でも同値類が頻繁に出てくるので，よく理解しておいてください．

ある集合 X からその集合の要素の間の同値関係によって同値類を構成したとき，この同値類を集めた集合を**商集合** (quotient set) とよび，$X/\sim$ と書きます．集合を

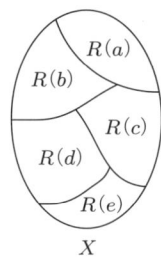

図 2.3　集合 X の同値関係による X の分類

同値類に分けたとき，それぞれの同値類に含まれる要素を各同値類につき一つ指定して，それを**代表元** (representative element) とよぶことがあります．図 2.3 における $a,\dots,e$ は，それぞれの同値類の代表元であるといえます．どの要素を選ぶかについては，制限はないので，基本的に自由です．

例 2.3　二つの整数 a, b の間の関係として，
$$a \sim b \iff a - b \text{ が 2 で割り切れる} \tag{2.29}$$
を定義すると，$\sim$ は同値関係となります．整数の集合からこの同値関係で同値類を作ると，以下の二つの類に分類することができます．
$$R_1 = \{0, \pm 2, \pm 4, \dots\} \tag{2.30}$$
$$R_2 = \{\pm 1, \pm 3, \dots\} \tag{2.31}$$
われわれは，式 (2.30) の類を習慣的に「偶数」とよび，式 (2.31) の類を「奇数」とよんでいます．

2.3　写像と変換

前節では，特殊な関係として順序関係と同値関係を定義しました．これらの関係は重要ですが，ここでは同様に重要な関係である写像を定義します．**写像** (mapping) または**関数** (function) とは，つぎの性質を満たす集合 X と Y の間の関係 M のことです（図 2.4 参照）．

任意の $x \in X$ について，xMy となる $y \in Y$ はただ一つ存在する．

任意の $x \in X$ について，この y のことを $M(x)$ のように書きます．写像にはいくつか特殊な性質をもったものがあります．まず，$M(x_1) = M(x_2)$ ならば $x_1 = x_2$ となっ

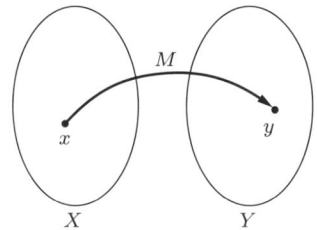

図 2.4　集合 X から集合 Y への写像

てしまう写像があります．すなわち，ある値をとるための X の要素はただ一つであるということです．このような写像は**単射である** (injective) といいます．写像はすべての要素 $x \in X$ に対して $M(x)$ が定義されることが必要となりますが，$M(x)$ が Y のあらゆる値をとる必要はありません．どのような Y の値を選んでも，$M(x)$ がその値になるような x を選ぶことができる場合，その写像は**全射である** (surjective) といいます．全射でありかつ単射であることを**全単射である** (bijective) といいます．全単射である写像のことを **1 対 1 写像** (one-to-one mapping) とよぶこともあります [*1]．

f が集合 X から Y への写像であることを

$$f : X \to Y \tag{2.32}$$

と書きます．また，要素 $x \in X$ に注目する場合には，

$$f : x \mapsto y \tag{2.33}$$

のように書くこともあります．

$y = f(x)$ という写像があるとき，$x = g(y)$ という写像 g が存在して，$g(f(x)) = x$ が任意の x について成り立つとき，g のことを f^{-1} と書き，f の**逆写像** (inverse mapping) とよびます．逆写像が定義できるのは，f が全単射である場合のみです．

ある要素 $y \in Y$ に写像されるような $x \in X$ を集めたものを y の**原像** (pre image) または**逆像** (inverse image) といい，$f^{-1}(\{y\})$ と書きます．すなわち，

$$f^{-1}(\{y\}) = \{x \in X \mid f(x) = y \in Y\} \tag{2.34}$$

と書けます．さらに，ある Y の部分集合 B について

$$f^{-1}(B) = \{x \in X \mid f(x) \in B\} \tag{2.35}$$

と定義します．

[*1] M が全単射であれば，ある x を選んだとき，M が写像であることから $y = M(x)$ とおいて，y を決定することができます．逆に $y \in Y$ を任意に選ぶと，M が全射であることから，$y = M(x)$ となる x が少なくとも一つ存在します．さらに単射であることから，そのような x はただ一つであることがわかります．以上より，M は X の要素と Y の要素を「1 対 1」に対応させることがいえます．

また，$x \in X$ を動かしたときに得られる $f(x)$ を集めた集合を f の**像** (image) とよび，$\mathrm{Im} f$ と書きます．式で書けば，

$$\mathrm{Im} f = \{f(x) \mid x \in X\} \tag{2.36}$$

となります．

> **例 2.4**　実数の集合から実数の集合への関数 $y = f(x) = x^2$ は単射ではありません．なぜならば，$f(1) = f(-1) = 1$ となり，異なる x が同一の関数値をもつからです．また，この関数は全射でもありません．なぜならば，$f(x) = -1$ となる x が存在しないからです．これに対して，$y = g(x) = x^3$ は単射です．さらに，y が与えられたとき $g(x) = y$ を満たす x が少なくとも一つ存在し，単射であることからそれはただ一つです．したがって，g は全単射です．実際，たとえば $f^{-1}(\{2\}) = \{-\sqrt{2}, \sqrt{2}\}$ である一方，$g^{-1}(2) = \sqrt[3]{2}$ となります．
>
> 以上の議論は「実数の集合から実数の集合への関数」について考えた場合であり，もし，関数 f を 0 以上の実数から 0 以上の実数への写像であると定義すれば，f は全単射となりますし，0 以上の実数から実数への写像であると定義すれば，単射となります．このように，全射や単射であるということは，写像がどのような集合の上に定義されているかということに依存します．

集合 A から A への写像を**変換** (transformation) とよぶことがあります．たとえば，つぎの式の中の 2×2 行列はユークリッド空間[*1] 上の変換となります．

$$\begin{pmatrix} x' \\ y' \end{pmatrix} = \begin{pmatrix} a & b \\ c & d \end{pmatrix} \begin{pmatrix} x \\ y \end{pmatrix} \tag{2.37}$$

この場合，行列が正則であれば，この変換は全単射となり，正則でなければ，全射でも単射でもなくなります．すなわち，この変換では全射と単射は同時に成り立つか，同時に成り立たないかのどちらかになります．

たとえば，$\begin{pmatrix} x' \\ y' \end{pmatrix} = \begin{pmatrix} 1 & 2 \\ 1 & 2 \end{pmatrix} \begin{pmatrix} x \\ y \end{pmatrix}$ という写像は任意の点を直線 $y = x$ 上の点に写像するので，全射ではありません．また同時に，$(0, 0)$ と $(-2, 1)$ はともに $(0, 0)$ に写像されるので，単射ではありません．一方，$\begin{pmatrix} x' \\ y' \end{pmatrix} = \begin{pmatrix} 1 & 2 \\ 3 & 4 \end{pmatrix} \begin{pmatrix} x \\ y \end{pmatrix}$ は全射となります．実際，任意の点 (u, v) について $\begin{pmatrix} 1 & 2 \\ 3 & 4 \end{pmatrix} \begin{pmatrix} x \\ y \end{pmatrix} = \begin{pmatrix} u \\ v \end{pmatrix}$ という方程式をい

[*1] ユークリッド空間の詳細は，4.1 節を参照．

つでも解くことができます．また，異なる 2 点 (x_1, y_1), (x_2, y_2) が同じ点に写像されるとすれば，$\begin{pmatrix} 1 & 2 \\ 3 & 4 \end{pmatrix} \begin{pmatrix} x_1 - x_2 \\ y_1 - y_2 \end{pmatrix} = \begin{pmatrix} 0 \\ 0 \end{pmatrix}$ となり，$x_1 = x_2$, $y_1 = y_2$ となり矛盾となるので，異なる 2 点は異なる 2 点へ写像されることになります．よって，単射です．

このような変換の場合，行列式

$$\det \begin{vmatrix} a & b \\ c & d \end{vmatrix} = ad - bc \tag{2.38}$$

が 0 でないことが全単射であることの必要十分条件となります．このような行列で表現される変換を**線形変換** (linear transformation) とよびます．もっと次元の高い空間についても，線形変換が全射であることと単射であることは等価であり，それを判定するには，行列式が 0 になっているか否かを調べることが必要かつ十分です．

○○○ 演習問題 2 ○○○

2.1 つぎの二つの集合の和集合，共通部分を求めよ．
$$S = \{a, b, c, d, e, f\}$$
$$T = \{2, 6, d, t, w, f, m, g\}$$

2.2 つぎの事柄を確かめ，なぜ成り立つか説明せよ．
(1) $(A \setminus B) \setminus C = A \setminus (B \cup C)$
(2) $A \setminus (B \setminus C) = (A \setminus B) \cup (A \cap C)$

2.3 式 (2.29) で定義される関係が同値関係であることを示せ．

2.4 $f : A \to B$ と $g : B \to C$ が全単射であるとすると，その合成写像 $g \circ f : A \to C$ も全射であることを示せ．

2.5 フォン・ノイマン（von Neumann）は空集合だけで自然数を作り上げることを考え出した．フォン・ノイマンの考えた数はつぎのように定義する．

$$0 = \emptyset$$
$$1 = \{\emptyset\}$$
$$2 = \{\emptyset, \{\emptyset\}\}$$
$$\cdots$$

一般に，自然数 $n+1$ は $n \cup \{n\}$ と定義される．このとき，つぎの問いに答えよ．

(1) 自然数 5 を集合で表現せよ．

(2) 自然数 n はそれよりも小さな数をすべて要素として含むことを示せ.

(3) 一般に,$n < m$ であれば,$n \subset m$ であることを示せ.

2.6 2×2 行列 A を 2 次元ユークリッド空間上の変換であるとみなしたとき,

この変換が全射である $\Leftrightarrow$ この変換が単射である

を示せ.

2.7 あらゆる要素を含む集合を X とおいたとき,この集合を二つの部分に分ける.一つは自分自身を要素として含む要素を集めた集合 X_1,もう一つは自分自身を要素として含まない要素を集めた集合 X_2 とする.これを式で表現すれば,つぎのようになる.

$$X_1 = \{a \in X \mid a \in a\}$$
$$X_2 = \{a \in X \mid a \notin a\}$$

このとき,明らかに $X = X_1 \cup X_2$ かつ $X_1 \cap X_2 = \emptyset$ である.このように定義したとき,つぎの問いに答えよ.

(1) $X_2 \in X_1$ としたとき,矛盾を導け.

(2) $X_2 \in X_2$ としたとき,矛盾を導け.

2.8 集合 A, B がそれぞれ m 個と n 個の要素で構成されているとき,A から B への写像は何通り存在するか.また,$m < n$ としたとき,A から B への単射は何通り存在するか.

2.9 つぎの等式を示せ.

$$\left(\bigcup_{\lambda \in \Lambda} A_\lambda\right) \cap \left(\bigcup_{\mu \in M} B_\mu\right) = \bigcup_{(\lambda,\mu) \in \Lambda \times M} (A_\lambda \cap B_\mu)$$

2.10 正の整数の集合を考えたとき,この集合上に以下の関係 $\ll$ を導入する.この関係が順序関係であることを示せ.

$$n \ll m \Leftrightarrow n\, が\, m\, を割り切る$$

2.11 A, B が二つの集合であるとする.A から B への単射が存在する必要十分条件は,B から A への全射が存在することであることを示せ.

2.12 実数を係数とする n 次多項式の集合を P とおく.このとき,P の要素 f_1 と f_2 が同値であるということを,それぞれを $x^2 + 1$ で割ったときの余りが等しいと定義する.以下の問いに答えよ.

(1) この関係が同値関係であることを説明せよ.

(2) この同値関係による同値類で,0 を代表元とする同値類は掛け算と足し算に関して閉じていること [*1] について説明せよ.

(3) この同値類どうしの演算 $\star$ を

$$C(f_1) \star C(f_2) = C(f_1 f_2)$$

と定義することができるか.ただし,$C(f_1)$ は f_1 を含む同値類を表すものとする.

[*1] 掛け算や足し算について閉じているとは,演算した結果が現在考えられている集合に再び含まれていることを意味します.くわしくは 7.3 節を参照.

第3章 オイラーの定理

　ここでは，第1章で見たような図形の位相的性質が非常に見やすい例として，オイラーの定理を紹介します．レオンハルト・オイラー (1707-1783) はスイスの数学者で，数学の多くの分野にその名前を残しています．ここで紹介するオイラーの定理は，この本の後半で出てくるホモロジーの理論の結論として，最終的にもっと厳密な形で示されます．ここで示す性質は，誰でも絵を描いてみればわかるようなものであるのですが，それを理論化するには，群をはじめとするいくつかの道具が必要となります．本章では，まずは現象のみを眺めることにします．

3.1 平面図形について考えてみる

　まず，平面上（2次元ユークリッド空間上）に描かれた図形を考えます．平面にはいくつかの点が配置されていて，その点のいくつかを直線または曲線で結びます．このとき，これらの線によって完全に分離された領域を面とよぶことにします．面が一つもない場合もあります．ただし，引いた線は点以外で互いに交わることはないものとします．平面上に描かれたこのような図形を「平面図形」とよぶことにします．たとえば，図 3.1 は，ここで述べた条件を満たした図形となっており，平面図形です．この図形の点の個数 p，線の本数 s，面の個数 f を数えてみます．

　この場合，$p = 5, s = 5, f = 1$ となっています．このとき，$e = p - s + f$ という量を計算してみると，

$$e = p - s + f = 5 - 5 + 1 = 1 \tag{3.1}$$

となります．ここで，図 3.2 に示す，もう少し別の図形について考えてみます．この

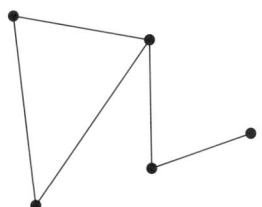

図 3.1　ある平面図形

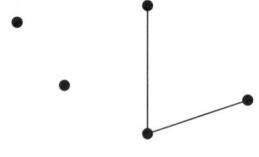

図 3.2　別の平面図形

場合，$p=5, s=2, f=0$ となるので，

$$e = p - s + f = 5 - 2 + 0 = 3 \tag{3.2}$$

となります．このとき，e の値がなぜ違うのか考えてみます．最初の例では，平面図形は「一塊」であったのに対して，後の例では三つのピースに分かれることがわかります．最初の図形は全部「つながっている」のに対して，後者はつながっていません．どうも「つながっている」ということが，この現象について重要であると直感できます．

それぞれの図形について，この量 e をこの平面図形の**オイラー標数** (Euler characteristic) とよびます．また，「つながっている」一塊を**連結成分** (connected component) とよびます．まず，連結成分の個数が 1 であるような平面図形について考えてみます．このような平面図形を**連結な平面図形** (connected 2D figure) とよびます．

> **性質 3.1**　平面図形の点の個数，線の本数，および面の個数をそれぞれ，p, s, および f とする．平面図形が連結であれば，オイラー標数は
>
> $$e = p - s + f = 1 \tag{3.3}$$
>
> となる．

証明　ある連結な平面図形が与えられているとする．その平面図形の連結性を保存しながら，点を増やすことを考える．もとの平面図形を X とおく．平面図形 X の点の個数，線の本数，および面の個数をそれぞれ $p(X), s(X), f(X)$ と書く．連結性を保存しながら 1 点 a を追加したする．すると，平面図形を連結にするために最低 1 本線分を加えなければならない．さらに n 本増やした場合を考えると，それぞれは X のいずれかの点と接続されているはずである．a から直接つながっている点を a から見た中心角の順にそれぞれ $b_1, b_2, \ldots, b_n$ とおくと，a が X のある面の中にあれば，これらの点はこの面の境界上にある点である．なぜならば，線分 $\overline{ab_i}$ は，他の線分と交わらないからである．したがって，これらの線分によって，この面は n 個に分割される．すなわち，1 枚の面が n 枚の面になるので，新しい平面図形を X' とおけば，

オイラー標数は

$$p(X') - s(X') + f(X')$$
$$= p(X) + 1 - (s(X) + n) + f(X) - 1 + n$$
$$= p(X) - s(X) + f(X) \tag{3.4}$$

となり，変化しない（図 3.3(a) 参照）．また，a が X の面上にない場合には，やはり，a から X へ連結している点を a の中心角の順に並べたものを $b_1, b_2, \ldots, b_n$ とおけば，上の議論とほぼ同じで，線分 $\overline{ab_i}$ と X 上の経路によって新たに $n - 1$ 枚の面が作られる．したがって，

$$p(X') - s(X') + f(X')$$
$$= p(X) + 1 - (s(X) + n) + f(X) + (n - 1)$$
$$= p(X) - s(X) + f(X) \tag{3.5}$$

となり，同様にして問題の量は変化しない（図 3.3(b) 参照）．

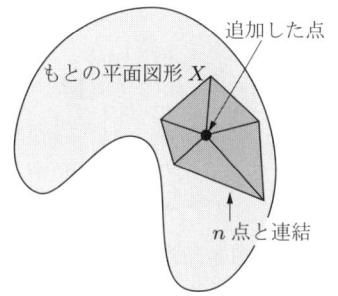 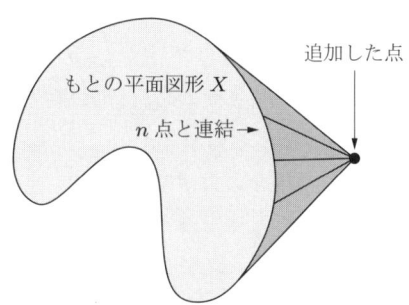

（a）平面図形の内部に 1 点を追加した場合　　（b）平面図形の外部に 1 点を追加した場合

図 3.3　連結な平面図形に 1 点を追加したときの様子

最初の点 1 点から逐次点を増やしながら，連結性を保ちつつ任意の平面図形にすることが可能である．前述の議論より，その場合にオイラー標数は変化しない．初期状態では連結する線も線によって構成される面も存在しないため，オイラー標数は $e = 1 - 0 + 0 = 1$ となるので，連結な平面図形のオイラー標数はつねに 1 に等しい．

証明終わり

以上より，連結している平面図形のオイラー標数が 1 に等しいことがわかりました．非連結な平面図形は連結な平面図形を集めたものであることから，性質 3.1 からつぎの性質が成り立ちます．

性質 3.2 任意の平面図形のオイラー標数は，その連結成分の個数に等しい．

3.2 立体図形についての議論

つぎに，立体図形について同様の議論を展開したいのですが，立体図形は平面図形ほど単純ではありません．いろいろと複雑な場合が考えられます．そこで，まずは，点は空間（3次元ユークリッド空間）中に存在すると仮定します．また，点は線によってつながれていて，孤立した点はないものとし，それぞれの面によって，全空間は図形の内部と外部の二つに分離できるものとします．この図形をここでは「多面体」とよびましょう．

空間に浮かんだ三角形は最後の条件を満たしませんが，四面体はその条件を満たします．この場合にオイラー標数がどのようになるか考えてみます．図3.4(a) を見てください．四面体 X について，オイラー標数は

$$e = p(X) - s(X) + f(X) = 4 - 6 + 4 = 2 \tag{3.6}$$

となります．同様にして，図3.4 の (b) と (c) から，六面体と三角柱のオイラー標数はともに2となります．これは偶然の一致ではありません．このような図形の場合には必ずオイラー標数は2となります（「このような」ということばの意味が問題となりますが，この場合には単純に「袋状になっている」ということです）．どうしてそうなるかについて考えてみましょう．これは比較的簡単です．ここで考えた図形はすべて，面を1枚外すと，平面に埋め込むことが可能です（図3.5 参照）．すなわち，1か所穴をあけてその穴を引き伸ばして，平面に埋め込んでしまえば，その部分については平面図形のオイラー標数に関する性質が適用できます．穴をあけたことによって，面の数が1減るので，最終的にこのような袋状の多面体のオイラー標数は，

$$e = (連結な平面図形のオイラー標数) + 1 = 1 + 1 = 2 \tag{3.7}$$

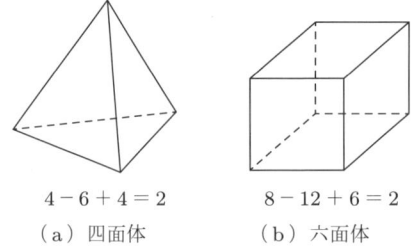

$4 - 6 + 4 = 2$　　$8 - 12 + 6 = 2$　　$6 - 9 + 5 = 2$
（a）四面体　　　（b）六面体　　　（c）三角柱

図 3.4　オイラー標数

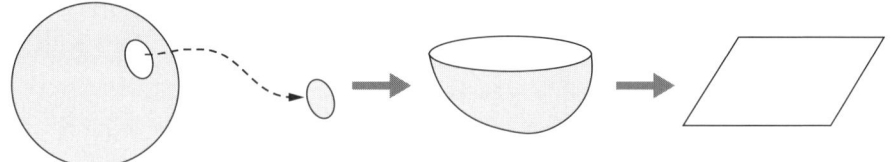

図 3.5　袋状の多面体の変形

となります[*1]. すなわち,

$$e = p - s + f = 2 \tag{3.8}$$

となります.

一方, 図 3.6 のような図形 Y を考えてみます. この図形は真ん中の部分に穴があいています. この図形のオイラー標数はつぎのようになります.

$$e = p(Y) - s(Y) + f(Y) = 16 - 32 + 16 = 0 \tag{3.9}$$

これは前述の袋状の多面体と同様に, 中と外を分ける多面体ですが, オイラー標数が異なります. どうして異なるのか, それをここで正確に説明することはできませんが, 実は, この図形は見てのとおり, 穴が一つあいていることが理由です. この場合, 前述の袋状になっている多面体と異なり, 適当な場所に穴をあけても, 平面に埋め込むことができません.

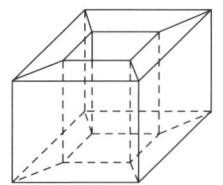

図 3.6　ドーナツ型の多面体

3.3　正多面体の種類

非常に古くギリシャ時代から, **正多面体** (regular polyhedron) は 5 種類しかないことが知られています. 実は, この性質は, 上記のオイラー標数の議論から完全に導出することができます. 正多面体とは, 同じ大きさと形の正多角形によって構成されていて, 1 点から出る辺の数がどの点についても同じ多角形です. このような多角形と

[*1] 穴をあけることによって面が 1 枚減り, さらに穴の切り口が n 角形であるすれば, 点と辺の数がそれぞれ n 増えます. これらは相殺されて, オイラー標数は 1 減ることになります.

して知られているのは正4面体，正6面体（立方体），正8面体，正12面体，正20面体です．これら以外に正多面体は存在しません．その事実をオイラー標数を用いて証明してみましょう．

まず，考えている多面体は正n面体で，それぞれの面は正m角形になっていると仮定します．さらに，1点に集まっている辺の数はk本であるとします．自明な性質として，正多角形は三角形以上ですから，

$$m \geq 3 \tag{3.10}$$

といえます．さらに，辺の数は，それぞれの面がm角形であることと，面がすべて貼り合わされていることから，$mn/2$であるといえます．また，点の個数は，辺の両端の点を重複を含めて数え上げて，1点からk本出ていることから，mn/kとなります．また，面の数はnですから，これらの情報を式(3.8)に入れれば，

$$\frac{mn}{k} - \frac{mn}{2} + n = 2 \tag{3.11}$$

となります．左辺を因数分解すれば，

$$n\left(\frac{m}{k} - \frac{m}{2} + 1\right) = 2 \tag{3.12}$$

となります．nも2も正の数ですから，

$$\frac{m}{k} - \frac{m}{2} + 1 > 0 \tag{3.13}$$

という性質が得られます．これより，

$$m\left(\frac{1}{k} - \frac{1}{2}\right) + 1 > 0 \tag{3.14}$$

となり，さらに変形して，

$$m\frac{k-2}{2k} < 1 \tag{3.15}$$

を得ます．さらに，$m \geq 3$を用いて，

$$2k > m(k-2) \geq 3(k-2) = 3k - 6 \tag{3.16}$$

であり，$k < 6$が得られます．すなわち，$6 > k \geq 3$となります．この結果から，$k = 3, 4, 5$のいずれかであることがわかります．ここから場合分けを行います．

1. $k = 3$の場合，
$$n\left(-\frac{m}{6} + 1\right) = 2 \tag{3.17}$$
より，$n(6-m) = 12$が成り立ち，可能な組み合わせは，$(n, m) = (4, 3), (6, 4), (12, 5)$となります．

2. $k = 4$の場合，

$$n\left(1 - \frac{m}{4}\right) = 2 \tag{3.18}$$

となり，これより，$n(4-m) = 8$ が得られます．よって，$(n,m) = (8,3)$ が得られます．

3. $k = 5$ の場合，

$$n\left(1 - \frac{3}{10}m\right) = 2 \tag{3.19}$$

より，$n(10-3m) = 20$ が得られ，$(n,m) = (20,3)$ となります．

以上より，すべての正多面体が得られました[*1]．ここで注意すべきことは，この条件は正多面体を構成するための必要条件であるということです．すなわち，ここで出てきた数の組み合わせによる図形が実際に存在することは，別途調べる必要があります．ただし，幸いここで出てきた五つの解は，すべてわれわれがよく知っている正多面体に対応しています．チェックは読者にお任せします（図 3.7 参照）．

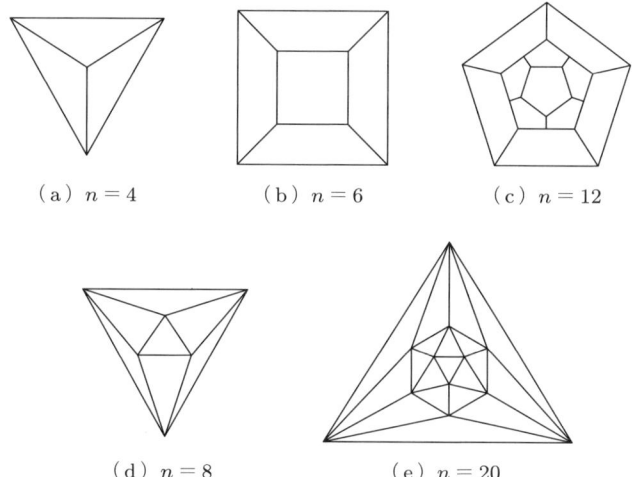

(a) $n = 4$ (b) $n = 6$ (c) $n = 12$

(d) $n = 8$ (e) $n = 20$

図 3.7 すべての正多面体の辺と面の一部を引き伸ばして，一つの面を除いてすべての面が見えるようにしたもの（n は正多面体の面の数）

[*1] 正多面体はわれわれの知っている普通の形に関しては，上で示したものしか存在しませんが，表面に星形多角形を用いることを認め，さらに立体的の折り返しを認めると，星形正多面体が存在することが知られています．この星形正多面体を含めると，存在する正多面体は 9 種類になることが知られています（コーシー）．

3.4 点と線のみの世界

いままでは，面についても考えていましたが，今度は点と線しかない世界について考えてみましょう．空間中に点が配置され，それらの点が適当に線で結ばれている状況を考えてください．このようなものを**グラフ** (graph) とよびます．グラフはコンピュータサイエンス，電気工学をはじめとして多くの分野で利用されている図形です．

オイラー標数に関連するグラフの性質は，前節で見たものと同じように，「面」に関連したものです．ここでは，平面の上に線を交差させずに描くことのできるグラフについて考えます．このようなグラフのことを**平面（的）グラフ** (planar graph) とよびます．平面グラフであることを「平面に埋め込める」と表現することがあります．

グラフ G は平面に描けることから，そのオイラー標数は

$$e = p(G) - s(G) + f(G) \tag{3.20}$$

と計算できます．この量は，G が連結な平面グラフであれば，1 となります．ただし，面の数 f の計算方法は，前述と同様に囲まれた部分の領域の数です．ここでは，平面グラフと平面に埋め込めない**非平面（的）グラフ** (nonplanar graph) について考えてみます．

まず，グラフ G が平面グラフであると仮定します．$p(G) \geq 3$ とします．すると，平面に埋め込まれていることから，それぞれの領域は多角形を構成しています．この多角形に適当に辺を追加すると，すべての領域を三角形にすることができます．このようにすると，もはや辺を追加することができなくなります．このような平面グラフを**極大平面グラフ** (maximal planar graph) とよびます．極大平面グラフについて，つぎの等式が成り立ちます．

$$s(G) = 3p(G) - 6 \tag{3.21}$$

なぜならば，極大平面グラフであり，すべての領域が三角形であることから，面の数を 3 倍するとすべての辺に対応しますが，2 本ずつ重複することになります．一番外側の三角形については 1 回しか数えられないので，$3f(G) + 3 = 2s(G)$ となります．これと，式 (3.20) で $e = 1$ であることとを組み合わせれば，この式が得られます．

一般の平面グラフは極大平面グラフよりも辺の数が少ないので，

$$s(G) \leq 3p(G) - 6 \tag{3.22}$$

が成り立ちます．ここで，図 3.8(a) に示すような K_5 という名前のついたグラフについて考えてみます．このグラフについては辺の数が 10 であり，点の数が 5 になっています．不等式 (3.22) について考えると，右辺は 9 なので成り立たないことになります．すなわち，このグラフは平面に埋め込むことができません．

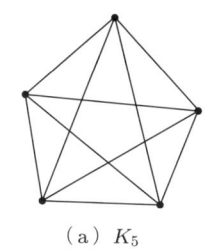

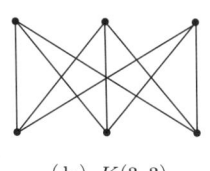

3.4 点と線のみの世界

(a) K_5　　　　(b) $K(3,3)$

図 3.8　K_5 と $K(3,3)$ のグラフ

一方，図 3.8(b) の $K(3,3)$ について考えてみましょう．このグラフの点は上と下の二つの類に分けることができ，異なる類の点の間にのみに辺があります．このようなグラフを**二部グラフ** (bipartite graph) とよびます．このグラフにおいてある点をスタートして辺をたどりながらその点に戻ってくる経路は，必ず四つ以上の偶数個の辺で構成されることがわかります．もし，このグラフが平面に埋め込めたとすると，それぞれの領域は四つ以上の辺をもちます．したがって，領域の数を f とすれば，辺を二重に数えた総和 N は $N \geq 4f+4$ です．この二部グラフの辺は 9 本なので，$N = 18$ です．$f \leq 7/2$ ですが，オイラーの公式より，$p - s + f = 6 - 9 + f = f - 3 = 1$ であることから $f = 4$ となってしまいます．これは矛盾であることから，$K(3,3)$ はやはり非平面グラフであることが証明できます．

ここから，つぎの性質が明らかになります．

> あるグラフの内部に部分グラフ（もとのグラフの一部の点と辺で構成されたグラフ）として K_5 または $K(3,3)$ を含めば，そのグラフは非平面グラフである．

この結果は明らかですが，実はこの結果の逆であるつぎの性質が成り立ちます．

性質 3.3 (クラトフスキー, 1930)　あるグラフが非平面グラフであれば，必ず，その内部に K_5 または $K(3,3)$ を部分グラフとして含む．

この性質は実に美しい定理です．ここで注意しなければならないのは，部分グラフのとり方です．ここでは，単に一部の辺や点を選択して作られるグラフばかりではなく，適当な辺や点の塊をまとめて 1 点にするような操作によって作られるグラフも部分グラフと考えます．

演習問題 3

3.1 図 3.6 に示したドーナツ型の図形にさらにもう一つの穴を付け加えて作った，二つ穴をもつドーナツ型の図形のオイラー標数を計算せよ．

3.2 円柱（上と下の面がついていないもの）のオイラー標数を計算せよ．また，メビウスの輪（図 3.9 参照）のオイラー標数を計算せよ．メビウスの輪は，細く切った帯を一回ひねって接続させたものである．これら二つの図形が，伸び縮みさせても重ね合わせることができないことに注意する必要がある．

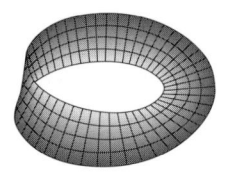

図 3.9　メビウスの輪

3.3 図 3.10 に示す三つのグラフが非平面的であるかどうか調べ，平面グラフであれば平面的に表示し，非平面グラフであればそのことを示せ．

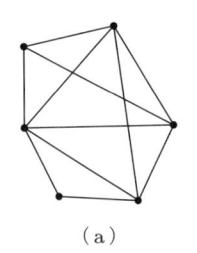

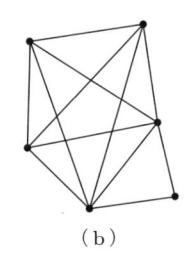

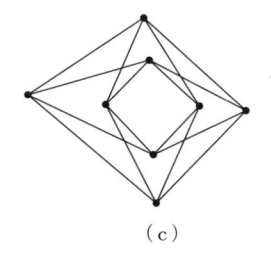

（a）　　　　　　　　（b）　　　　　　　　（c）

図 3.10　三つのグラフ

3.4 クラインの壺について，そのオイラー標数を計算せよ．ただし，クラインの壺は，円柱の端をドーナツ型と逆方向に貼り合わせた図形であり，普通の空間で交差なく実現することはできない（図 3.11 参照）．オイラー標数を計算する場合，適当な多角形でこの面

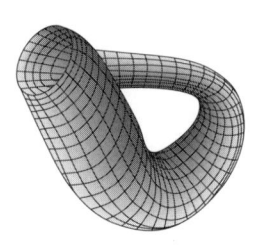

図 3.11　クラインの壺

を構成して，計算すること（クラインの壺とドーナツ型は，問題 3.2 の円柱とメビウスの輪の関係と本質的に同じである．結論からいえば，オイラー標数ではこのような違いを見分けることができない）．

3.5 穴が n 個ある浮き輪のオイラー標数が $2-2n$ であることを，図形の点，線，面の個数を直接数えることによって示せ．

3.6 二つの図形のオイラー標数がそれぞれ n, m であるとき，それぞれの図形から一つずつ面を除去して，除去した切り口どうしを貼り合わせてできる図形のオイラー標数はいくつか．また，この考え方を用いて，穴が n 個ある浮き輪のオイラー標数が $2-2n$ であることを説明せよ．

3.7 平面グラフに関する関係式 (3.22) から，どのような平面グラフも 5 次以下の点を含むことを示せ．ただし，点の次数とは，その点に接続する辺の本数のこととする．

第4章 距離空間と位相空間

ここではまず，距離空間を扱います．抽象的な位相空間を最初から扱わずに，身近なユークリッド空間やそれに似た距離空間について考えてみます．位相空間はわれわれがよく知っている空間の性質を抜き出し，それが成り立つことを仮定した抽象的な空間です．

4.1 ユークリッド空間

実数の組によって構成される「座標」によって表現される点を集めた集合を考えます．組にする実数の個数はいくつでもよいのですが，有限個であるとします．これを，$(x_1, x_2, \ldots, x_n)$ と書きましょう．ここで考えている集合は，

$$\mathbb{R}^n = \{(x_1, x_2, \ldots, x_n) \mid x_i \in \mathbb{R}\} \tag{4.1}$$

と書くことができます．ただし，ここで $\mathbb{R}$ は実数の集合を表します．このとき，この空間の点どうしの**距離** (distance または metric) をつぎのように定義します．点 $p = (p_1, p_2, \ldots, p_n), q = (q_1, q_2, \ldots, q_n)$ の間の距離 $d_2(p, q)$ は，

$$d_2(p, q) = \sqrt{\sum_{i=1}^{n} |p_i - q_i|^2} \tag{4.2}$$

と定義します．このような距離の測り方を**ユークリッド距離** (Euclidean distance) とよび，この距離を含めて $\mathbb{R}^n$ のことを**ユークリッド空間** (Euclidean space) とよびます．このように，距離のようなしくみのついた集合を「空間」とよびます．低次元のユークリッド空間は，われわれにもっともなじみの深い空間です．図 4.1 に，3次元ユークリッド空間の距離を示します．数直線や平面，3次元空間は，普通，ユークリッド空間であると考えて定式化します．ユークリッド空間を定義したときに組にした実数の個数 n のことを，この空間の**次元** (dimension) とよぶことにします．これにより，平面は 2 次元ユークリッド空間であり，縦横高さをもつ空間は 3 次元ユークリッド空間ということになります．ここでは，特に高次元のユークリッド空間を考えることはないので，せいぜい 3 次元ユークリッド空間を考えれば十分です．

ちなみに，距離が上記で定義したものである必然性はありません．距離は空間の任

4.1 ユークリッド空間

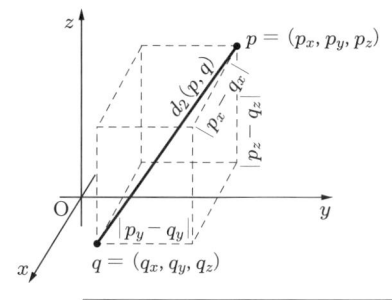

$$d_2(p,q) = \sqrt{|p_x - q_x|^2 + |p_y - q_y|^2 + |p_z - q_z|^2}$$

図 4.1 3次元ユークリッド空間における距離

意の 2 点 p, q が与えられたとき，非負の実数値 $d(p, q)$ を返す関数で，以下の条件を満たせば，どのようなものでもかまいません．一般に，以下の性質を満たす距離 d をともなった空間を**距離空間** (metric space) とよびます．

1. 任意の点 $p, q, r \in \mathbb{R}^n$ について，$d(p,q) \leq d(p,r) + d(r,q)$
2. $d(p,q) = 0 \Leftrightarrow p = q$
3. $d(p,q) = d(q,p)$

この条件を満たす距離はユークリッド距離ばかりではなく，いろいろ存在します．たとえば，よく知られた距離として，以下のように定義される**マンハッタン距離** (Manhattan distance) があります．

$$d_1(p,q) = \sum_{i=1}^{n} |p_i - q_i| \tag{4.3}$$

$\mathbb{R}^2$ では，この定義を用いると，図 4.2 に示すように距離を測ります．このように測っ

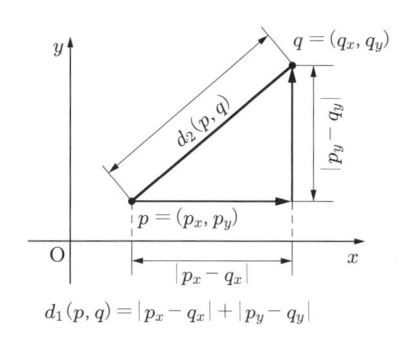

図 4.2 マンハッタン距離による距離の測り方

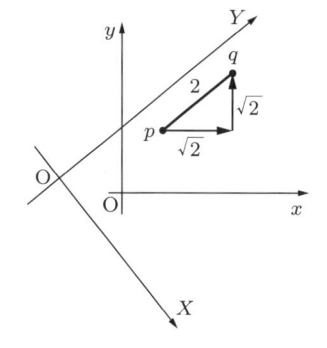

図 4.3 点 p, q 間のマンハッタン距離を xy 座標系と XY 座標系で測る

た場合，上記三つの条件が成り立つことは自明ではありませんが，簡単に証明することができます．2点 p, q 間のマンハッタン距離は，p から q へ x 軸方向と y 軸方向のみに移動して到達するための最小移動量であると考えることができます．

この場合，x 軸と y 軸がどちらを向いているかが重要で，点が変わらなくても座標系が回転してしまうと距離も変わってしまうことになります．たとえば，図 4.3 に示すように，xy を座標軸として p, q を眺めれば，そのマンハッタン距離は $d_1(p, q) = \sqrt{2} + \sqrt{2} = 2\sqrt{2}$ であり，XY を座標軸として眺めれば，$d_1(p, q) = 2$ となります．これに対して，ユークリッド距離は座標系を回転させても変わりません[*1]．

4.2 ユークリッド空間における近傍

以下では，ユークリッド空間（一般の n 次元ユークリッド空間で説明しますが，考えるときはとりあえず2次元ユークリッド空間を考えれば十分です）のある部分集合のことを「図形」とよぶことにします．

ある点 $p \in \mathbb{R}^n$ について，その ε 近傍 (ε neighborhood) $N_\varepsilon(p)$ は，

$$N_\varepsilon(p) = \{x \in \mathbb{R}^n \mid d(x, p) < \varepsilon\} \tag{4.4}$$

と定義します．ただし，$\varepsilon > 0$ であるとします．この ε 近傍を用いて「開集合」というものを定義してみます．われわれが普段「開集合」とよぶものは，直感的にいえば「縁のない図形」ということです．たとえば，閉区間 $[1, 2]$ のようなものは閉集合とよびますが，これに対して，この両端 $1, 2$ を取り除いた開区間 $(1, 2)$ は開集合です．われわれは直感的には，閉集合が何であるか知っていますが，実のところすべてのケースについて答えられるほど確固たる指標をもっているわけではありません．ここで，距離空間の中の適当な集合が開集合であるかどうかを判定する条件を決めます．

> **定義 4.1** ある集合 X が**開集合** (open set) であるとは，任意の点 $p \in X$ について，ある $\varepsilon > 0$ をうまく決めれば，つねに $N_\varepsilon(p) \subset X$ とすることができることである．

このように定義したときに，われわれの直感と一致するかどうかを確かめてみます．

[*1] 実際，2次元ユークリッド空間については，原点を1点として，もう1点を (x, y) とし，角度 θ だけ原点を中心に回転させれば，$(x', y') = (x\cos\theta - y\sin\theta, x\sin\theta + y\cos\theta)$ となるので，$d((x', y'), (0, 0)) = \sqrt{x'^2 + y'^2} = \sqrt{(x\cos\theta - y\sin\theta)^2 + (x\sin\theta + y\cos\theta)^2} = \sqrt{x^2 + y^2} = d((x, y), (0, 0))$ となり，ユークリッド距離は変化しません．

まず，開区間 $I=(1,2)$ について確認します．ある数 $1<p<2$ をとってみます．このとき，$\varepsilon=\min\{2-p,p-1\}/2$ と定義すれば[*1]，$N_\varepsilon(p)\subset I$ となります（図 4.4 参照）．したがって，開区間 $(1,2)$ は，この定義に照らし合わせて開集合であるといえます．

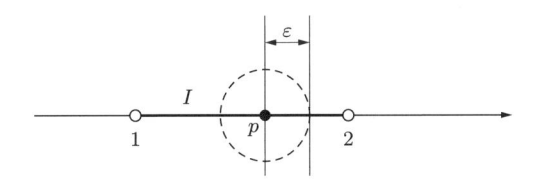

図 4.4 区間 $(1,2)$ とそれに含まれる ε 近傍

つぎに，ε 近傍について考えてみます．これ自体開集合でしょうか．実は ε 近傍は開集合です．

性質 4.1 ε 近傍は開集合である．

証明 この証明は前述の区間の議論とほとんど同じである．まず，適当な点 $q\in N_\varepsilon(p)$ をとり，これに対して，$\eta=(\varepsilon-d(q,p))/2$ とおく．これより，$N_\eta(q)$ の点 r と p の距離を考えると，

$$d(r,p)\leq d(r,q)+d(q,p)\leq \frac{\varepsilon-d(p,q)}{2}+d(p,q)$$
$$=\frac{\varepsilon}{2}+\frac{d(p,q)}{2}<\frac{\varepsilon}{2}+\frac{\varepsilon}{2}=\varepsilon \tag{4.5}$$

となり，$r\in N_\varepsilon$ となる． 証明終わり

一般の「近傍」を定義していないので，厳密にはいえませんが，近傍は必ずしも開集合である必要がありません．開集合になっている近傍を**開近傍** (open neighborhood) とよびます．

さらに，一般のユークリッド空間の中の図形（集合）について，つぎの性質が成り立ちます．

性質 4.2 X を適当なユークリッド空間であるとする．

1. X はそれ自体は開集合である．

[*1] $\min\{x,y\}=\begin{cases} x & (x\leq y) \\ y & (x>y) \end{cases}$

2. 空集合 $\emptyset$ は開集合である.
3. 二つの集合 A, B が開集合であれば，その共通部分 $A \cap B$ は開集合である.
4. 任意個の開集合 A_λ ($\lambda \in \Lambda$) の和集合 $\bigcup_{\lambda \in \Lambda} A_\lambda$ は開集合である.

証明 これらの性質のうち，1，2は自明．空集合が開集合であるのは，そこから要素をとることができないからである．

3の性質について考える．$p \in A \cap B$ となる任意の p について，その ε 近傍を考えれば，A, B はそれぞれ開集合であるから，A や B に含まれる p の近傍をとることが可能である．その二つの近傍のうち，小さいほうの近傍をとれば，それは A, B 共通の近傍ということになり，これは $A \cap B$ に含まれることになる．p は $A \cap B$ の中で任意にとったので，$A \cap B$ は開集合であることになる（図 4.5 参照）．

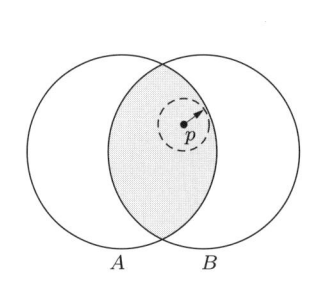

図 4.5　二つの開集合の共通部分

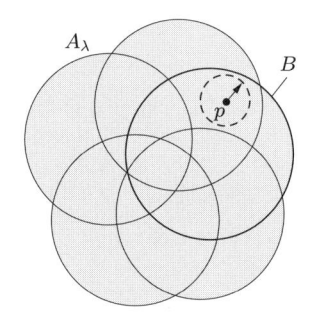

図 4.6　無限個の開集合の和集合

また，4の性質については，上の話と違い，連続無限を含めた任意個の開集合の和集合を考える．$p \in \bigcup_{\lambda \in \Lambda} A_\lambda$ とすれば，p を含むような開集合が少なくとも一つ選択できる．この集合を B とすると，もちろん B も開集合なので，それに含まれている p を中心とする B に含まれる開近傍 $N_\varepsilon(p)$ をとることができる．この開近傍はもとの和集合の部分集合にもなっているので，p のとり方が任意であったことから，和集合は開集合であることになる（図 4.6 参照）. **証明終わり**

ここで，3と4の性質の違いは非常に大きいことに注意してください．共通部分の場合，二つの集合の共通部分ですが，これは二つに限りません．二つの集合の共通部分を作れるのであれば，それを何回も繰り返せば n 個の集合の共通部分を得ることができ，これらは開集合であるということになります．ただし，ここまでです．これ以上多くの集合の共通部分をとることは許されません．すなわち，無限個の集合の共通部分をとると，開集合であることは保証されないということです．これに対して，和集合については，いくらでも和集合を作ってよいということになります．

本当に無限個の開集合の共通部分が開集合にならなくなる例があるのでしょうか．実はあります．1 次元の区間の話に戻りましょう．区間の列として，

$$X_i = \left(0, 1 + \frac{1}{i}\right) \quad (i = 1, 2, \ldots) \tag{4.6}$$

と定義します．これらの区間の共通部分 Y を考えます．すなわち，

$$Y = \bigcap_{i=1}^{\infty} X_i \tag{4.7}$$

とします．Y は開集合でしょうか．まず，$1 \in Y$ であることがわかります．なぜならば，どんな i についても $1 \in X_i$ であるからです．すべての i について X_i は 1 よりも大きなところまで範囲としてとっているので，当然 1 はそれぞれの集合に含まれます．したがって，これらの共通部分である Y にも含まれます．ここで，1 のまわりの ε 近傍を考えます．ある $\varepsilon > 0$ を適当に選んで，$N_\varepsilon(1)$ を作ると，この近傍は $i = \lceil 1/\varepsilon \rceil$ とした [*1] ときの集合 X_i に含まれません．すなわち，どんな近傍をとっても，それは Y に含まれません．これより，Y は開集合ではないことがわかりました．実際，$Y = (0, 1]$ となります．

4.3　一般の位相空間

実は，ここでユークリッド空間について行った議論は，数学の本来の流れと反対であるということがいえます．前節では近傍を定義してそれから開集合を定義しましたが，本当は開集合から近傍が定義されます．われわれにとって直感的な空間の代表がユークリッド空間ですが，他の空間についても「つながり具合」を定義された空間を扱いたいということがあります．ここで「つながり具合」といったのは，それが，距離である必要がないからです．ある空間が距離というものをもっていれば，前節で議論したような方法で開集合を定義することが可能です．もし距離の定義されない空間に，それでも「つながっている」ということだけを問題にした概念を導入したい場合，どうしたらよいでしょうか．それに使うのが「位相」です．後述するように，位相空間では，与えられた集合の要素のつながりだけを問題にします．

難しく聞こえるかもしれませんが，実は前節で導出した結果を約束事として流用することによって，**位相** (topology) を定義することができます．ある集合 X が**位相空間** (topological space) であるとは，X の開集合の集合（**開集合族** (family of open

---

[*1]　$i = \lceil 1/\varepsilon \rceil$ は $1/\varepsilon$ に適当な $[0, 1)$ の数を加えて整数にしたものを表します．$\lceil \cdot \rceil$ のことを**天井関数** (ceiling function) とよびます．また，同様にして，$\lfloor \cdot \rfloor$ のことを**床関数** (floor function) とよび，適当な $[0, 1)$ の数を引いて整数にしたものを表します．

sets))$\mathcal{O}$ が定義できて，つぎの性質を満たすことです．

1. 空間 X と空集合 $\emptyset$ は $\mathcal{O}$ に含まれる．
2. 有限個の集合 $A_1, A_2, \ldots, A_n$ が $\mathcal{O}$ に含まれれば，共通部分 $\bigcap_{i=1}^n A_i$ は $\mathcal{O}$ に含まれる．
3. 無限個の集合 A_λ ($\lambda \in \Lambda$) が $\mathcal{O}$ に含まれるとき，これらの和集合 $\bigcup_{\lambda \in \Lambda} A_\lambda$ は $\mathcal{O}$ に含まれる．

厳密には，集合 $\mathcal{O}$ がこの性質を満たすとき，集合の組 $(X, \mathcal{O})$ のことを位相空間とよびます．また，開集合族 $\mathcal{O}$ を**位相**とよぶことがあります．一番単純な位相空間は，位相として

$$\mathcal{O} = \{X, \emptyset\} \tag{4.8}$$

を採用するものです．この位相の場合，イメージとしては，「X の中のすべての点はベタベタにくっついている」ということになります．開集合は，空間 X を分割するための仕切りのようなイメージです．この場合，そのような分割がまったくできないことになります．このような位相を**密着位相** (indiscrete topology, trivial topology) とよびます．この位相の対極にあるのが，つぎに示す開集合の集合です．

$$\mathcal{O} = \mathcal{P}(X) \tag{4.9}$$

ここで，$\mathcal{P}(X)$ は集合 X のべき集合です（この辺があいまいな人は第 2 章を読み返してください）．すなわち，X のあらゆる部分集合は開集合となります．このような位相を**離散位相** (discrete topology) とよびます．この位相のイメージは「サラサラ」といったところです．すべての点が分離している感じになります．

その他の位相はこの二つの位相の間にあります．一般的な位相空間における近傍とは何なのか考えてみます．この空間にはユークリッド空間のように距離が定義されていないので，長さを測ることができません．したがって，前述のような近傍の定義は意味をもちません．ある X の部分集合 Y が位相空間 $(X, \mathcal{O})$ の点 p の**近傍** (neighborhood) であるとは，ある開集合 $A \in \mathcal{O}$ が存在して，

$$\{p\} \subseteq A \subseteq Y \tag{4.10}$$

とすることができることです．Y が開集合であるとき，Y を**開近傍** (open neighborhood) とよびます．密着位相では任意の点の近傍は空間全体 X のみであり，離散位相では任意の点 p はその点だけを含む集合 $\{p\}$ を開近傍としてもちます．一般に，与えられた空間 X の任意の異なる 2 点 p, q について，それぞれの近傍 U, V がとれて，$U \cap V = \emptyset$ とすることができる場合に，この空間 X のことを**ハウスドルフ空間** (Hausdorff space) とよびます．離散位相空間は明らかにハウスドルフ空間になって

いますし，ユークリッド空間もハウスドルフ空間になっています．一方，密着位相空間はハウスドルフ空間ではありません．

4.4 部分集合の位相

われわれのよく知っているユークリッド空間は位相空間です．ユークリッド空間の開集合が何であるのかについては，ここでは深く考えないことにします．直感的に，「端を含まない集合は開集合である」と考えることにしましょう．

ここでは，ある位相空間の部分集合が位相空間になれるかどうかについて考えてみます．たとえば，ユークリッド空間の部分集合である正方形に対応する点の集合は，位相空間でしょうか．すなわち，

$$Y = \{(x,y) \in \mathbb{R}^2 \mid 0 \leq x, y \leq 1\} \tag{4.11}$$

という集合は位相空間になれるでしょうか．もちろん「位相空間になれる」という意味は，適当な開集合の集合を決めることができて，それによって，位相空間として定義できるかということです．

これについては，まず，抽象的なレベルで考えてみます．ある位相空間 X とその開集合族 $\mathcal{O}$ があるとします．このとき，X の部分集合 Y の位相をうまく決めることを考えます．$Y \subset X$ なので，適当な $s \in \mathcal{O}$ について $s' = s \cap Y$ は X の部分集合となります．このような集合を集めて開集合族とします．すなわち，

$$\mathcal{O}' = \{s \cap Y \mid s \in \mathcal{O}\} \tag{4.12}$$

とおきます．この集合が 4.3 節で定義した開集合の公理を満たすかどうかが問題です．この事実を検証するのは簡単です．まず，ここでは Y が全体集合ですから，

$$Y \in \mathcal{O}', \quad \emptyset \in \mathcal{O}' \tag{4.13}$$

である必要がありますが，$X \in \mathcal{O}$ であり，$X \cap Y = Y$ であることから自明です．また，$\mathcal{O}' \ni s', t'$ についてこれらは，適当な $s, t \in \mathcal{O}$ が存在して，$s' = s \cap Y, t' = t \cap Y$ となります．さらに，$s \cap t \in \mathcal{O}$ です．以上より，

$$s' \cap t' = (s \cap Y) \cap (t \cap Y) = (s \cap t) \cap Y \in \mathcal{O}' \tag{4.14}$$

となりますから，s', t' の共通部分は開集合となります．

さらに，適当な開集合の列 A'_λ ($\lambda \in \Lambda$) については，それぞれの開集合について $A'_\lambda = A_\lambda \cap Y$ となる列 $A_\lambda \in \mathcal{O}$ が存在します．したがって，

$$\bigcup_{\lambda \in \Lambda} A'_\lambda = \bigcup_{\lambda \in \Lambda} (A_\lambda \cap Y) = \left(\bigcup_{\lambda \in \Lambda} A_\lambda\right) \cap Y \in \mathcal{O}' \tag{4.15}$$

となります．以上より，$\mathcal{O}'$ は開集合族の公理を満たすことになり，Y と $\mathcal{O}'$ は位相空間となります．$\mathcal{O}'$ のことを Y における $\mathcal{O}$ の**相対位相** (relative topology) とよびます．

ここからわかったことは，ある位相空間が存在すれば，そこから一部を切り取った集合も位相空間になるということです．このとき，その開集合族は，もとの集合のそれぞれの開集合と切り取った空間の共通部分を集めた集合とすればよいということです．

この結果を前述の正方形の例に適用してみましょう．図 4.7 において，正方形 Y の開集合はもちろん Y の部分集合でなければなりません．Y を含むユークリッド空間上の開集合として，端を含まない長方形 A, B, C があります．これらはユークリッド空間上の開集合であって，Y の開集合ではありません．

前述のように，Y の開集合にするためには，Y との共通部分をとります．この場合，A については，Y との共通部分で左側の辺のみが境界を含むものとなります．境界を含む集合はユークリッド空間では開集合ではありませんが，Y のみを考える世界では開集合になります．また，B についてはそのまま Y の開集合となります．さらに，C については，右下と下辺が境界を含むような小さな長方形が開集合となります．

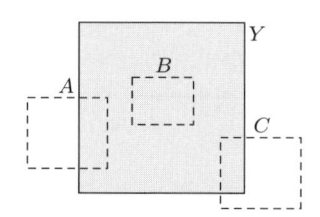

図 4.7 位相空間としての正方形の開集合

○○○ 演習問題 4 ○○○

4.1 2 点より構成される集合 $S = \{p, q\}$ の位相をすべて書け．

4.2 3 点より構成される集合 $S = \{p, q, r\}$ の位相は何種類あるか．

4.3 補集合が開集合になっている集合を**閉集合** (closed set) とよぶ．閉集合について成り立つ性質を列挙せよ．

4.4 ある点 p が集合 X の**境界** (boundary) であるとは，p の任意の近傍 $N(p)$ について $X \bigcap N(p) \neq \emptyset$ かつ $X^c \bigcap N(p) \neq \emptyset$ となることである，と定義したとき，つぎの問いに答えよ．

(1) 実数の集合 $\mathbb{R}$ の部分集合である有理数の集合 $\mathbb{Q}$ の境界は何か．

(2) 実数の集合 $\mathbb{R}$ の部分集合である整数以外の実数の集合 $\mathbb{R}\setminus\mathbb{Z}$ の境界は何か．

4.5 区間 $[0,1]$ の部分集合 $X=\{1/n \mid n=1,2,\ldots\}$ は開集合であるか．また，X は閉集合であるか．普通の実数の位相を考えよ．

4.6 ある集合 M の内部 M^i とは，M に含まれるすべての開集合の和集合のことである．任意の集合 M について，つぎの命題を示せ．
$$M^i = M \Leftrightarrow M \text{ は開集合}$$

4.7 つぎのような2次元ユークリッド空間の部分集合で，二つの円盤 U_1, U_2 の和集合 U として表現されるものを考える．
$$U_1 = \{x \in \mathbb{R}^2 \mid |x|^2 \leq 1\}$$
$$U_2 = \{x \in \mathbb{R}^2 \mid |x-3|^2 \leq 1\}$$
$$U = U_1 \cup U_2$$

このような集合 U に，2次元ユークリッド空間の位相から作られる位相を用いて位相空間を定義するとき，以下の問いに答えよ．

(1) U_1 が開集合となることを説明せよ．
(2) 一般に，位相空間 S が**連結** (connected) であるとは，空でない S の真の部分集合 T で，T も補集合 $S\setminus T$ も開集合であるような T がとれないことをいう．U が連結でないことを説明せよ．

第5章 滑らかに変化するとはどういうことか —— 連続性 ——

　ここでは，写像の「連続性」について学びます．連続であるとは，直感的にいえば，写像が「飛ばない」（「ジャンプしない」）ことです．この概念は，中学校で関数を習ったときから，誰もが直感的には理解していることであると思いますが，これを厳密に数学の言葉で説明しようとする場合，いくつかの段階を踏んで説明しなくてはなりません．

5.1 直感的に関数が連続であるということ

　まず，直感的な話をしましょう．図 5.1 のような関数 $f(x)$ を考えます．この関数は明らかに不連続です．$x = x_1$ で急にジャンプしています．このようなジャンプがある場合，われわれは「不連続である」または「連続でない」とよびます．これはグラフが「つながっていない」からです．これは，ほぼ直感的に明らかなのですが，数学の世界では何が連続で何が連続でないか，はっきりとした基準を設けなければいけません．そうでないと，時として，連続であるのか連続でないのかはっきりしない状況が生じる可能性があります．

　このことをはっきりさせる前に，一つ注意をしておきます．このような不連続な関数の場合，飛んでいる場所（ここでは x_1 です）では必ず，離れたどちらかの値をとる

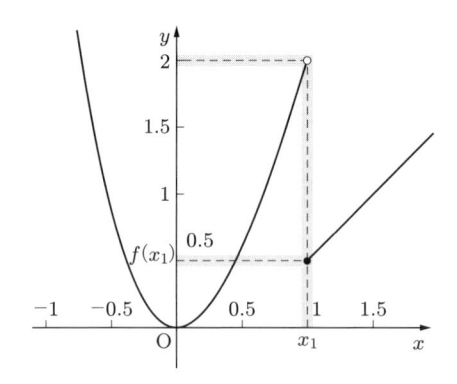

図 5.1　不連続な関数 $f(x)$

ことになります．関数（写像）なので決して両方の値を表すことはありません．この例で示した関数の場合，x_1 での値 $f(x_1)$ は下のほうの値をとることになります．ここでは，普通の表現方法として，値をとるほうを塗りつぶした丸（●）で，値をとらないほうを中が白い丸（○）で表現することにします．

さて，関数が連続でないことをどのように表現するかという問題ですが，これは，それぞれの点について値がどうなるかを見ているだけでは判断がつきません．$f(x)$ が各 x について値をもつことが写像であることの条件ですが，それだけでは連続かそうでないかを判断する手がかりにはなりそうもありません．そこで，これを議論するための手がかりとして，「数の集合」を考えます．

どうして連続でないか．それは，ある区間 I の像 $f(I)$ が区間に写らないからではないかと考えます．これを検証してみます．図 5.1 を見ると，x_1 は $f(x_1)$ へ写されますが，x_1 を含む小さな区間がどこへ写るかというと，二つの区間に分断されてしまいます．これが問題です．すなわち，x_1 を含む区間のうち，$f(x_1)$ とは離れた部分に写像されるものが問題です．これでは，x_1 のまわりで細かく点を動かしたとき，その点は写された先の世界で二つの区間をジャンプしながら移動することになります．このジャンプを「不連続性」と考えます．すなわち，連続であるとは，もとの世界で微小に動かすと，写された先でも微小に動くことが保証されていることです．

このような「連続」という現象をどのように定式化するかが問題です．まず，写像がある点で連続であるということについて定義しましょう．連続であるということは，前述のように「ジャンプしない」ということですから，大雑把にいえば，ある点 x のまわりで微小に変化させると，その値の写像 f による像は，$f(x)$ のまわりで微小に変化するということだと思えます．これはそれほど間違ってはいないように思えるのですが，以下のようなまずい状況が生じます．

以下のような写像を考えます（図 5.2 参照）．

$$y = f(x) = x^3 - 3x \tag{5.1}$$

この写像は $x = -1$ で極大値 2 をとるので，x を -1 のまわりで微小に変化させると，$f(x)$ は 2 以下のところで微小に変化します．もし 2 のまわりで上にも下にも変化すれば，2 を含む開集合などをとることができるのですが，この場合，そのような開集合をとることができません．

式で書けば，開区間 $(-1-\varepsilon, -1+\varepsilon)$ の写像 f による像 $f((-1-\varepsilon, -1+\varepsilon))$ が 2 のまわりに広がっていればよいということです．すなわち，2 を含む開集合でこの像にすっぽり含まれるものがあればよいのですが，実際はこの像の中で最大の点は 2 なので，そのような開集合はありません．しかし，一方で，この関数が連続であること

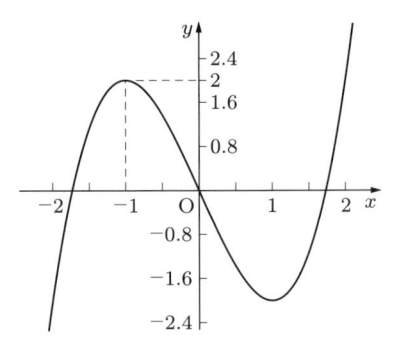

図 5.2　$y = f(x) = x^3 - 3x$ のグラフ

は間違いないと思えます．

われわれが定義したいのは，「近くのものが近くの場所に写像される」ということだけです．そこで，発想を逆転させます．ある点を中心とする開区間が行った先の点を中心とする開区間に写像されるのではなくて，逆に，行った先の点を中心とする開区間の原像（与えられた集合に写像される点の集合）がもとの点を中心とする開集合になるということにしたらどうなるでしょうか．実は，このようにすると，うまくいきます．

たとえば，上記の関数よりも極大値，極小値をいっぱいもつ

$$y = f(x) = \sin x \tag{5.2}$$

という関数を考えます．もちろん，この関数は連続関数であるとわれわれは知っています．さて，開区間 $(1/2, 3/2)$ の原像はどうなるでしょうか．この区間は 1 を含む開区間となっています．$\sin$ 関数は周期関数なので，この区間の値をとる x は数限りなく存在しますが，この原像は比較的簡単に書けて，

$$\sin^{-1}\left(\left(\frac{1}{2}, \frac{3}{2}\right)\right) = \bigcup_{n=0,\pm 1,\pm 2,\ldots} \left(2n\pi + \frac{\pi}{6}, 2n\pi + \frac{5\pi}{6}\right)$$

となります．無限個の開区間の和集合は，前章で述べたように開集合となるので，開区間の原像が開区間になっているわけです（図 5.3 参照）．

逆に，図 5.1 のような不連続な写像の場合，$f(x_1)$ を含む開集合の原像は，開集合となりません．それは，$x = x_1$ の片側にだけ原像の値が出てきて，もう片側には出てこないので，$x = x_1$ のまわりの ε 近傍で原像に含まれるものをとることができないからです（図 5.4 参照）．以上のことから，ある写像が 1 点 x_1 において連続であるということを以下のように定義します．

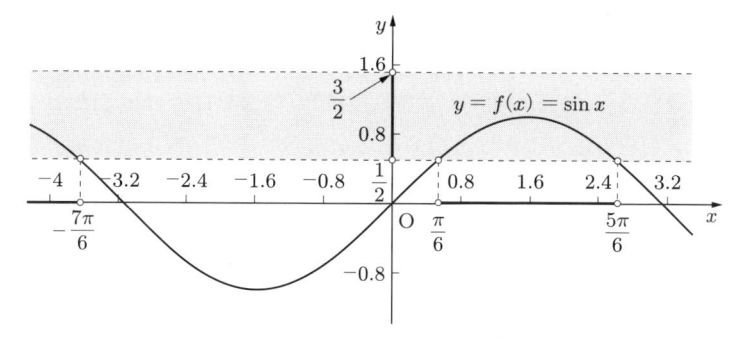

図 5.3 開区間 $(1/2, 3/2)$ の写像 $y = f(x) = \sin x$ の原像は開区間となる

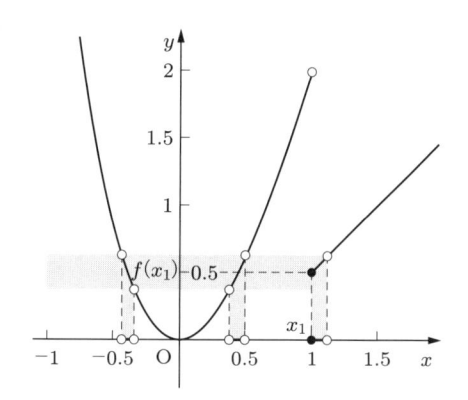

図 5.4 不連続点の値 $f(x_1)$ のまわりの開集合の原像は，x_1 のまわりのどのような開集合も含まない

定義 5.1 実数から実数への 1 変数関数 $y = f(x)$ が，ある点 x_1 において**連続** (continuous) であるとは，$f(x_1)$ を含む任意の開集合 U の原像 $f^{-1}(U)$ が，x_1 を含む開集合を含むことである．

実数から実数への 1 変数関数の場合，「任意の $\delta > 0$ について $f(x_1)$ の δ 近傍の原像が x_1 のある ε 近傍を含む」といっても同じです．これは，ε-δ 論法とよばれているものと同じになります（付録 A 参照）．

この定義について検討してみます．高等学校で x_1 での連続性を定義する場合，

$$\lim_{x \to x_1} f(x) = f(x_1) \tag{5.3}$$

という条件であるという説明をします．この場合，x を x_1 へ近づけるとき，大きいほうから近づける方法と小さいほうから近づける方法が考えられ，それぞれについ

て上の式が成り立つとき，それぞれ「右連続」，「左連続」とよんだりしました．このように両方向についての連続性が定義できるのは，実数の場合，x_1 の ε 近傍を x_1 以上の部分（右側）と x_1 以下の部分（左側）の二つの部分に分けることができることに起因します．もちろん，これは近傍にならないのですが，本来の近傍よりも小さくなるので，これらの ε 近傍の一部を近傍のように利用することによって，より弱い連続性を導いていると考えられます．図 5.4 では，$\lim_{x \to +x_1} f(x) = f(x_1)$ と右から近づくとそのまま関数値に収束します．これに対応して，原像は区間 $[x_1, a)$ を含みます．もちろんこの区間は x_1 を含む開集合とはなっていないので，連続とはいえませんが，上記の定義を採用すれば，右連続であるとはいえます．

つぎの節で説明する位相空間上の写像の連続性を含めて，ここで定義した写像（関数）の連続性と lim によって定義された連続性の関係については，付録 A.3 を参照してください．

5.2 位相空間から位相空間への写像の連続性

前節で定義した実数から実数への 1 変数関数の連続性で用いている道具は，開集合だけです．したがって，この定義で，写像の定義域や値域を実数に限定する必要はありません．実数の集合を位相空間にそのまま一般化すれば，以下のようになります．

> **定義 5.2** 位相区間 X から位相空間 Y への写像 f が，ある点 x_1 において**連続** (continuous) であるとは，$f(x_1)$ を含む Y の任意の開集合 U の原像 $f^{-1}(U)$ が，X の x_1 を含むある開集合を含むことである．

ここで定義しているのは，ある 1 点における連続性ですが，位相空間 X のあらゆる点において写像が連続であるとき，この写像は写像として**連続**であるといいます．写像について，以下の性質が成り立ちます．

> **性質 5.1** 位相空間 X から Y への写像 f について，以下の二つの命題は同値である．
> 1. f は連続である．
> 2. Y の任意の開集合 S の原像 $f^{-1}(S)$ は，X の開集合となっている．

[証明] $(1 \Rightarrow 2)$ X のあらゆる点について写像 f は連続であると仮定する．Y の任意の開集合 S をとり，その原像を T とおく．すると，あらゆる点について f は連続

であることから，任意の点 $x \in T$ について $f(x)$ を含む Y の開集合 U_x が存在して，$\{x\} \subset U_x \subset T$ とすることができる．これより，

$$\bigcup_{x \in T} U_x = T \tag{5.4}$$

となる．U_x がすべて開集合であることから，T は開集合となる．したがって，2 が成り立つ．

(2 ⇒ 1) 2 を仮定すれば，$f(x_1)$ を含む開集合 U の原像 $f^{-1}(U)$ は開集合となる．これは明らかに x_1 を含むので，1 が成り立つ． ■証明終わり■

性質 5.1 が成り立つことから，連続性の定義として，この性質の 2 を用いても同じになります．こちらのほうが単純で考えやすいので，ここでは改めて以下のように，位相空間から位相空間への写像の連続性を定義することにします．

> **定義 5.3** 位相空間 X から Y への写像 f が連続であるとは，Y の任意の開集合 U について，その原像 $f^{-1}(U)$ がつねに開集合になることである．

5.3 正方形から正方形への不連続写像と不連続点

位相空間から位相空間への写像の連続性や不連続性を考えるために，正方形 A から正方形 B への写像について考えます．ただし，図 5.5 に示すように，A, B は端を含む正方形とします．図 5.5 の上図のように，それぞれ対応する A の点からそれに対応する同じ位置への写像を f とすれば，もちろん f は連続写像となります．B における開集合の原像は，そのまま A の同じ開集合となります．

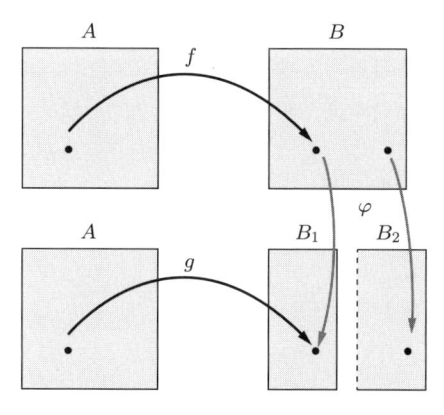

図 5.5 A から B への写像 f と A から $B_1 \cup B_2$ への写像 g

これに対して，B の正方形をちょうど真ん中で縦に切れ目を入れて，二つの同じ形の長方形 B_1 と B_2 に分けます．B の点から B_1 と B_2 の対応する点への写像を φ として，A から $B_1 \cup B_2$ への写像 g を $g = \varphi \circ f$ と定義します．このとき，g が連続写像であるか否かについて考えてみます．この場合，B を B_1 と B_2 に分けることは，本質的には，B の位相（開集合の集合）と $B_1 \cup B_2$ の位相が異なっているという意味しかありません．

A のちょうど真ん中の線上の点 x が B_1 上の点に写像される状況を考えます．このとき，$g(x)$ の近傍を考えれば，図 5.6 に示すように半円状の領域が $g(x)$ を含む開集合となります．これの g による原像も A 上の同じ領域ということになりますが，B の上では開集合であったこの領域は，A の上で考えれば開集合ではなくなります．すなわち，g は不連続です．直感的に考えても，B_1 と B_2 は完全に分離しているので，ちょうど B_1 か B_2 へ移るときに「ジャンプ」が生じるということになり，ここで解析した状況はそれに対応していると考えられます．

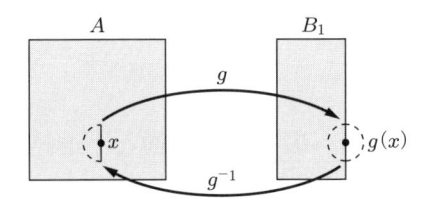

図 5.6　A の中央線上の点 x から $g(x)$ への写像．$g(x) \in B_1$ となり，$g(x)$ を含む開集合の原像は A 上の開集合とならない．

5.4　二つの図形が同相であるということ

実はトポロジーを論じる場合，連続性が基本となります．われわれはこれから，位相的に同等であるような集合を同一視して，同等な図形に共通する性質を導き出すことを考えます．そのために，ここでは「同相」という概念を定義します．

> **定義 5.4**　二つの図形（位相空間：すなわち集合であって，開集合が定義されているもの）があるとき，この二つの図形が**同相**または**位相同型** (homeomorphic) であるとは，一方から他方への 1 対 1 写像 f が存在して，f, f^{-1} が連続写像であることである．また，f, f^{-1} が連続写像であるとき，f は**双連続** (bicontinuous) であるという．

同相性はこれから議論することがらの基本となります．同相な図形に共通する性質について考えていくのですが，そのような数学を**位相幾何学** (topology) とよびます．たとえば，図 5.7 のような立方体と球面は同相です．これを厳密に証明するのはやっかいですが，直感的にいえば，立方体と球面をともに内部の中心を原点としておいて，原点から眺めたとき同じ方向にある点を 1 対 1 に対応させます．このようにしたとき，その対応がどちらの向きについても連続であることはほぼ自明です．

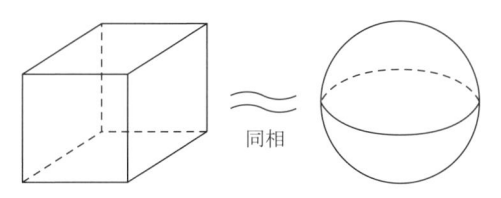

図 5.7 立方体の表面と球面は同相である

これらの二つの図形については，第 3 章のオイラーの定理で見たように，オイラー標数が共通であるという性質がありました（球面については，その表面に適当に面と辺を配置しなければいけませんが）．

与えられた図形から得られるオイラー標数のような情報が，同相な図形について不変であるとき，このような情報を**位相不変量** (topological invariant) とよびます．位相不変量が違えば，同相ではないことになります．本書ではいくつかの位相不変量について学びます．たとえば，上記の例で見たように，オイラー標数は位相不変量です．この量は，ホモロジー群という位相不変量の副産物として第 13 章で出てきます．ここで注意しなければならないのは，位相不変量が違えば同相ではありませんが，位相不変量が同じだからといって同相であるとは限らないことです．本来は，位相不変量を見て同相であるか否かを判定できれば理想的なのですが，それはいまのところ無理です．

演習問題 5

5.1 つぎの関数が連続であるかどうかを判定せよ．もし連続でないのならば，どの点で連続でないのか，理由とともに答えよ．

(1) $y = |x|$

(2) $y = \begin{cases} x+1 & (x \geq 0) \\ x-1 & (x < 0) \end{cases}$

(3) $y = \begin{cases} x-1 & (x \geq 0) \\ x+1 & (x < 0) \end{cases}$

5.2 写像 $y = f(x) = 1$ が連続写像であることを説明せよ．

5.3 開区間 $(0, 1)$ と実数軸 $\mathbb{R}$ は同相であることを示せ．

5.4 正方形内部と円盤が同相であることを正確に示せ．

5.5 $y = x^2$ が連続関数であることについて正確に説明せよ．

第6章 展開図で考える
——閉曲面の世界——

本章では，いくつかの端のない面で構成された図形（閉曲面）を含む面を展開図として表現し，それらを解析する方法について考えます．よく知られている立方体の表面などの図形から始めて，われわれの住んでいる世界には存在しない射影平面やクラインの壺などを定義して，その基本的な性質について調べます．

6.1 立方体の展開図

まず，身近な図形である立方体とその展開図について考えます．サイコロのような立体を画用紙で作ることを考えてください．われわれは最終的にこのような面の位相的な性質を知りたいわけですが，そればかりではなく，展開図として面を定義することによって，そもそもどのような曲面が存在しうるのかという点についても考えてみます．

立方体は図 6.1(a) に示したような図形であり，それを画用紙を貼り合わせて作るためには，図 (b) のような展開図を画用紙に描いて，それを切り取って貼り合わせなければなりません．この展開図にはのりしろがありませんが，もし，糊で貼り合わせるのであれば，のりしろも必要です．問題はのりしろではなく，それぞれの辺をどの辺と貼り合わせるかということです．これをいい加減に行うとうまく立方体を作ることができません．立方体を構成する場合，貼り合わせる辺どうしは，常識的には明らかですが，立方体というものをまったく知らない人にこの展開図を渡す場合，どの辺

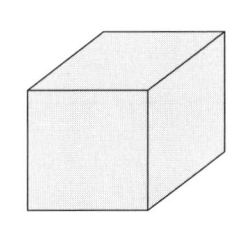

(a) 3次元空間での様子　　　(b) 展開図

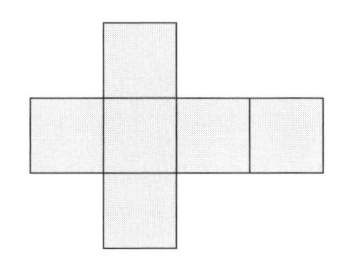

図 6.1 立方体

うしを貼り合わせるのか明記する必要があります．

このためには，貼り合わせる二つの辺に同じ記号をつければよいのですが，これだけでは不十分で，貼り合わせる方向を指定する必要があります．どちらの方向に合わせるかという情報は非常に重要です．方向を含めて貼り合わせの方法を指定するために，ここでは矢印を用います．

たとえば，この立方体の貼り合わせについては，図 6.2 のように展開図に矢印を付加すれば，どのように貼り合わせられるのか，はっきりとわかります．同じ種類の矢印は矢印の方向が重なるようにして貼り合わせればよい，ということです．

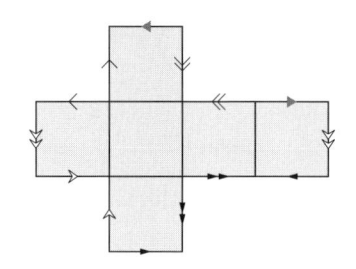

図 6.2 貼り合わせる辺を指定した展開図

最初の話に戻ります．ここでわれわれがやりたいのは，与えられた面（閉曲面）の位相的性質を知ることです．すなわち，双連続な写像で変形しても変わらない性質について議論したいわけです．そのため，それぞれの面がどのような形であるか（四角形であるか三角形であるかなど），どれくらいの大きさかという情報はどうでもよいことになります．立方体の展開図として，それぞれの面や辺を伸ばしたり縮めたりすることによって，図 6.3 に示すような展開図であっても同じ曲面であるということができます．

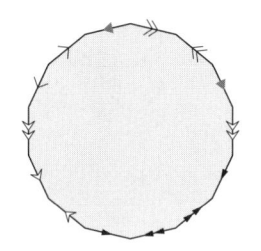

図 6.3 展開図を伸張して作った新たな展開図

さらに，この展開図において，隣り合った 2 辺に同じ矢印がついていて，なおかつ方向が縁に沿って逆向きになっている場合，これらの辺を部分的に接着することによって（もともとそのように接着するように指定されているわけですから），辺を消

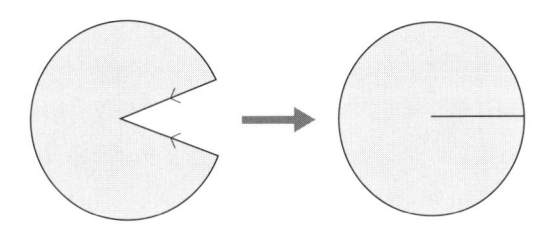

図 6.4 展開図の隣り合う 2 辺が貼り合わせる辺で，方向が逆であれば，消去することができる

去しても同相性に影響を及ぼすことはありません（図 6.4 参照）．したがって，この場合，この条件に合う隣り合った辺をどんどん消去していくことができます．これを繰り返していくと最終的に，図 6.5 の右図に示す展開図のようになります．じっくり見ればすぐにわかることだと思いますが，これは球面の展開図と同相です．球面の北極から南極を結ぶようにナイフで切り込みをいれて徐々に面を縮ませれば，このようになります．結局，本章のここまででやってきたことは，立方体の表面と球面が同相であるということを展開図を用いて説明したことになります．

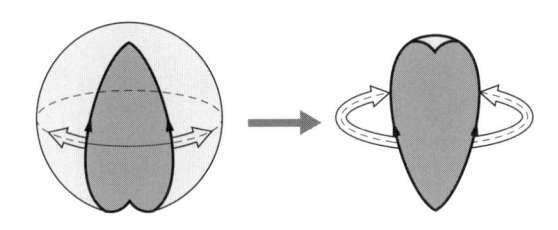

図 6.5 立方体と同相な曲面の展開図

このように，展開図は，面や面によって構成された図形を解析する場合に有力な道具となります．ここでは，この道具を用いて，われわれがよく理解できない現実には存在しない面についても考えることにします．

6.2 「貼り合わせる」ということ

ここで，「貼り合わせる」ということがどういうことなのか考えてみます．もちろん，「貼り合わせる」という場合，ある辺と別の辺を同一のものとして考えればよいのですが，ここでは，その位相を含めてもう少し厳密に考えてみます．

われわれが現在考えている対象は，あくまで位相空間です．貼り合わせる前の図形も貼り合わせたあとの図形も，位相空間でなくてはなりません．位相空間は，第 4 章で見たように，集合とその集合の「開集合」とよばれる部分集合の集合（族）を組に

したものです．

まず，ここではある位相空間が与えられたとき，その同値類が位相空間になるという話をします．同値類は第2章2.2節において解説しました．集合の中に同値関係 $\sim$ があると，それによって集合を分類することができます．その分類されたそれぞれの類を要素とする集合を同値類といいました．

ここで，図6.6に示すような二つの図形 A, B があるとします．この二つの図形を貼り合わせます．A の辺 I_1 と B の辺 I_2 を貼り合わせます．この場合，どのように考えればよいでしょうか．$X = A \cup B$ という集合を考え，同値関係を考えます．まず，X のほとんどの点 x については，単に $x \sim x$ という関係のみが成り立つとします．また，$x \in I_1$ の場合には，それに対応する I_2 上の点 y と $x \sim y$ という関係が成り立つとします．このような関係を考えると，$\sim$ は同値関係となります．この同値関係で集合 X を割った商集合 $X/\sim$ は，ほとんど X と同じですが，A と B の境界のところで接合されたものとなります．このとき問題となるのは，X の位相です．すなわち，X の開集合をどのように定めるかということです．

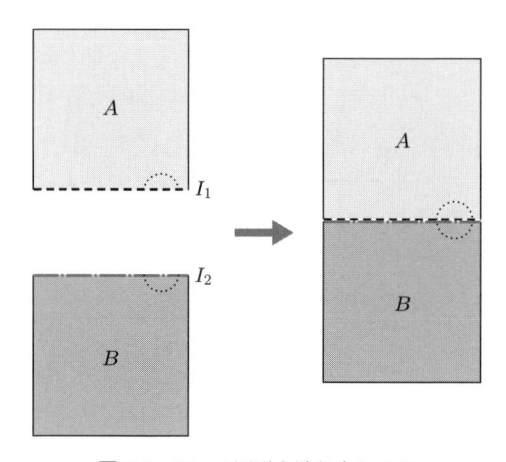

図6.6　二つの図形を貼り合わせる

一般に，ある同値類 $\sim$ に関する商集合 $X/\sim$ の位相は，もとの集合 X の開集合を $\mathcal{O}$ とします．さらに，写像 π を X から $X/\sim$ への自然な写像とします．すなわち，ある点がある類に入っていたら，その類へ対応づけるような写像です．すると，$X/\sim$ の開集合は

$$\mathcal{O}' = \{O \subseteq X/\sim \ | \ \pi^{-1}(O) \in \mathcal{O}\} \tag{6.1}$$

と定義されます．図6.6では，右の点線で示された部分集合は開集合となります．なぜならば，それの原像である A 上の半円と B 上の半円の和集合は，$X = A \cup B$ 上で

の開集合となっているからです．それは，それぞれの半円が開集合となっているからです．

本書のこれ以降の部分では，特にこのように図形の開集合についていちいち考えることはしません．最初に示したように，図形は辺どうしを貼り合わせることによってつなぐという直感的な解説をしますが，もし，その説明でわからなくなったら，集合の位相構造まで戻って考える必要があります．

6.3 展開図で表現されたいろいろな面

ここでは，貼り合わせによって得られるいろいろな面について考えてみます．われわれがよく知っている図形から始めます．

まず，円柱面です．これは四角状の紙のある端どうしを貼り合わせたものです．図6.7(a) の展開図は，(b) のような円柱面を表します．これに対して，同じように端どうしを貼り合わせた図形ではありますが，図6.7(c) のような，方向を逆にして貼り合わせた図形を考えることができます．この図形は (d) のようになり，**メビウスの輪** (Möbius band) とよばれています．

(a) 円柱面の展開図　　(b) 円柱面　　(c) メビウスの輪の展開図　　(d) メビウスの輪の模式図

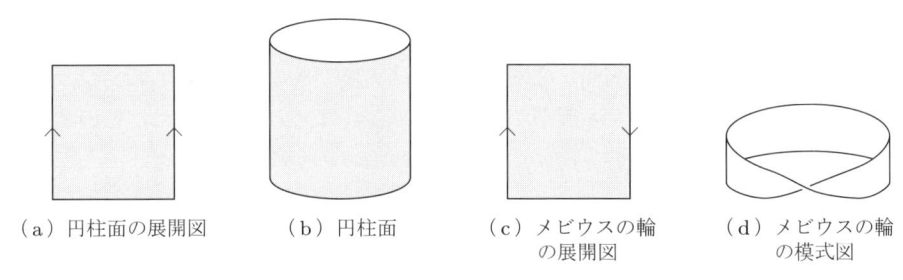

図 6.7　円柱面とメビウスの輪

これらの図形には端があるので，閉曲面ではありません．以前見た立方体のように，端のない図形であって立方体とはまったく別の図形として，**トーラス** (torus)（すなわちドーナツ型の表面）があります．トーラスは立体として描くと複雑に見えますが，展開図として描くと非常に単純です．これは，四角状の紙の縦横二つの方向について，円柱のように貼り合わせたものにほかなりません（図 6.8 参照）．

これまで出てきた図形は，比較的われわれになじみのある図形でしたが，以下に示す図形はどちらかというと，不思議な図形であり，実はわれわれの住んでいる3次元空間では実現することのできない図形です．図 6.9(a) に**射影平面** (projective plane) という図形の展開図を示します．この図形はメビウスの輪のように縦横二つの方向について辺を貼り合わせたものです．このような図形を実際に作ることはできません

(a) 展開図　　　　　(b) 3次元空間での様子

図 6.8　トーラス

(a) 展開図　　　　　(b) 地平線を貼り合わせた
　　　　　　　　　　　　射影平面のイメージ

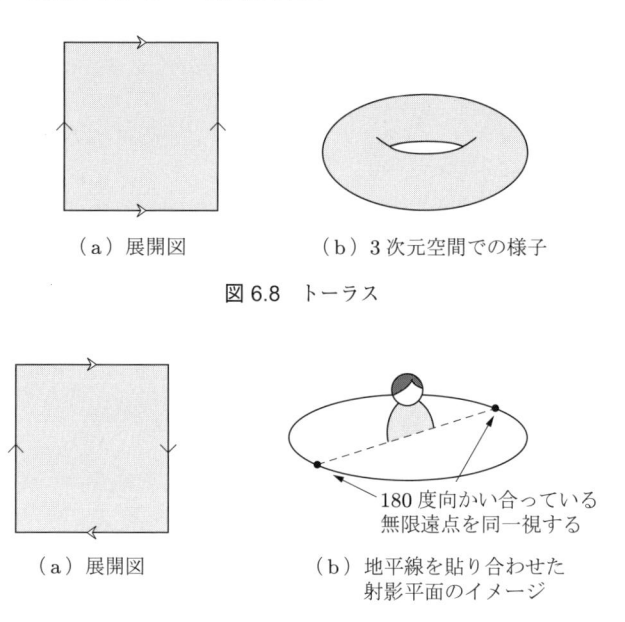

図 6.9　射影平面

が，展開図上で考えることは可能です．

また，射影平面と同様に実際に 3 次元空間では実現できない図形として，**クラインの壺** (Klein bottle) とよばれる図形があります．これは，ある方向には円柱のように貼り合わせるのですが，別の方向にはメビウスの輪のように貼り合わせます．これによってできる図形は想像するのも難しい図形になります．図 6.10 に，展開図とそれを組み立てたと考えたときの模式図を示します．

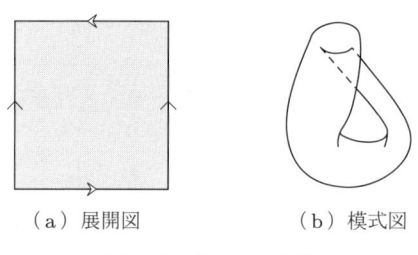

(a) 展開図　　　　　(b) 模式図

図 6.10　クラインの壺

6.4　射影平面から円盤を切り抜く

射影平面やクラインの壺は非常に理解しづらい図形であったわけですが，これらの図形の構造を解析する場合に展開図は強力な道具となります．ここでは，射影平面を

二つの部分に分解することによって，射影平面を理解することを考えます．

抽象的であるにもかかわらず，射影平面はその数学的な構造から，いろいろな場面でわれわれの生活に登場します．コンピュータの世界でよく見かけるのはコンピュータグラフィックスです．3次元グラフィックスでは射影平面ではなく，3次元の射影空間中でいろいろな物体の計算を行います．われわれが普通に使っている2次元，3次元のユークリッド空間はわれわれにとっては自然であり，限界というものが存在せず，どこまでも遠くまで行けるようになっています．これに対して，射影空間（付録B参照）や射影平面は閉じた空間（球面と同様）であって，とても遠くへ行ったような気がしても，そのまま戻ってくることが可能な世界です．これは，直感的にいえば，無限遠点というものが付加されているからです．われわれは無限に広い平面上（実際はある程度広い平面上）に立っているとき，地平線というものを見ることができますが，その線は実際の平面上に描かれているものではありません．ユークリッド平面上に無限遠点という点は存在しないので，地平線も架空のものであるということもできます．これに対して，平面を射影平面であると考えると，実際に地平線を定義することができます．

ここでは射影平面から，われわれが普通に生活する範囲（われわれの手の届く範囲）を取り去ったとき，何が残るか調べてみます．まず，図 6.11 の左図に示すように，射影平面の展開図から円盤を切り取ってみます．さらに，図 6.11 の右図のように，二つの部分に分離します．ただし，本当に分離してしまっては位相が変わってしまうので，矢印マークをつけておきます．

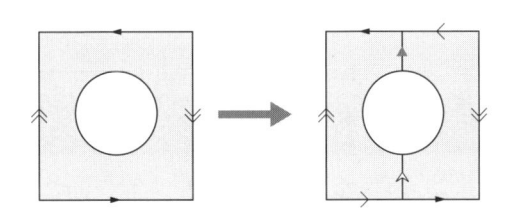

図 6.11　射影平面から円盤を取り去ったもの

さて，ここから，この図形を位相同型な状態で変形していきます．もともと矢印で貼り合わされている部分は，展開図上で貼り合わせても貼り合わせなくても実体は変わりません．図 6.12 に示すように，まず，二つに分離したあと，左側にある部分を右にもってきて，右にある部分を上下ひっくり返して，左にもってきます．このようにすると，もともと貼り合わせる記号のついていた二重矢印が重なります．これを重ねて，さらに，6.1 節で説明したように，同じ矢印であって，方向が逆になっているペアが隣り合っている場合，それを消すことができる（図 6.4 参照）という原理で矢印

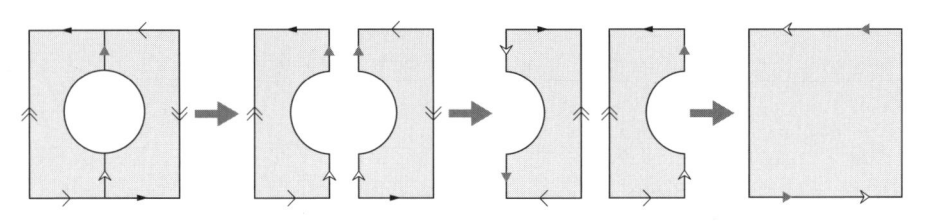

図 6.12 射影平面から円盤を取り去ったものの変形

を消去すると，結局，図 6.12 の一番右の図のようになります．これは，明らかにメビウスの輪です．

すなわち，射影平面から円盤を切り抜くと，残った部分はメビウスの輪になります．これは，「射影平面＝円盤＋メビウスの輪」と模式的に書くこともできます．実は，このメビウスの輪は無限遠（上の話では地平線）に対応するものです．射影平面のイメージは，図 6.9(b) に示すようなものとなります．無限遠にある端どうしをつないだようなものとして解釈することができます．

この章で述べたような閉曲面は完全に分類されており，つぎの定理が知られています．

> **性質 6.1** 任意の閉曲面は，球面か，トーラスを n 枚つなげた曲面か，射影平面を m 枚つなげた曲面のいずれかに同相である．これらの曲面は互いに同相ではない．ただし，「二つの曲面をつなげる」とは，それぞれの面に穴をあけて，その穴どうしをくっつける操作のことである．

○○○ 演習問題 6 ○○○

6.1 図 6.6 において，二つの図形を貼り合わせるときに用いた関係 $\sim$ が同値関係であることを示せ．

6.2 トーラスには穴が一つあるが，2 人用浮き輪のように二つ穴のあいたトーラス（図 6.13）の展開図を，なるべく単純な形で表現せよ．[ヒント：二つのトーラスを用意してそれをつなげてみよ．]

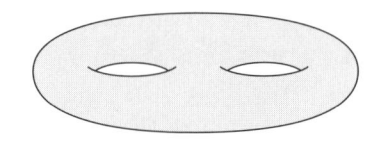

図 6.13 二つ穴のあいた図形（ダブルトーラス）

6.3 メビウスの輪の中央にはさみをいれて，輪に沿って1周すると，円柱になることを示せ（図 6.14 参照）.

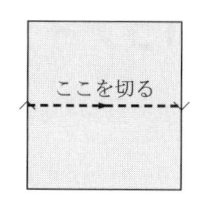

図 6.14 メビウスの輪の中央にはさみを入れる

6.4 二つの射影平面を用意して，それぞれに穴をあけてそれらを連結した場合にできる閉曲面を，展開図として表現せよ.

6.5 トーラスと射影平面にそれぞれ穴をあけて穴どうしをつなげた曲面と，三つの射影平面に穴をあけてそれぞれつないだ曲面が，一致することを示せ（図 6.15 参照）.

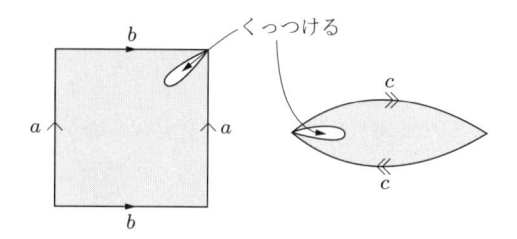

図 6.15 トーラスと射影平面をくっつける

6.6 メビウスの輪は図 6.16 に示す展開図でも表現できることを示せ.

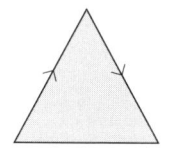

図 6.16 メビウスの輪の展開図による別表現

6.7 クラインの壺は 2 本のメビウスの輪をつないだものであることを示せ.

第7章 群というアイデアで遊ぶ

　群 (group) は単純な代数構造です．単純であるがゆえに，われわれのよく知っているいろいろな世界を，群という道具を通して眺めることができます．一度，ある現象が群によって記述できることがわかれば，すでにわかっている群のいろいろな性質を適用することができます．「基本群」や「ホモロジー群」などの位相不変量を扱うために，ここでは群の基本的な性質を学びます．

7.1 自然数と整数

　自然数 $1, 2, 3, \ldots$ は一番単純な「数」であると考えられます．数をわれわれが用いるとき，ほとんどの場合，「演算」の存在を仮定していると考えられます．たとえば，「3本のペンの入った袋と5本のペンの入った袋があった場合，合わせたらいくつか」というような問題は，$3 + 5 = 8$ という数の演算（この場合 + が演算です）に対応づけることができます．

　演算とは，二つの「数」が与えられたとき，それを一つの「数」に対応させる写像であると考えることができます．ここでは，「数」には単に集合の要素であるという意味しかありません．逆にいえば，ここで重要なのは，演算の対象となる要素を決定するための集合とその演算そのものです．また，演算とは，与えられた二つの数を一つの数に対応させる写像でしかありません．すなわち，その数の集合を A，演算を $\circ$ と書けば，

$$\circ : A^2 \ni (x, y) \mapsto z \in A \tag{7.1}$$

と書くことができます．

　ここで，自然数の足し算の話に戻りましょう．自然数の本質は，ある数に対してそのつぎの数が存在することです．すなわち，2の次は3で3の次は4です．ある自然数が与えられたとき，そのつぎの自然数を返す関数を**サクセッサ関数** (successor function) とよびます．これを $s(n)$ と書くことにしましょう．すなわち，2とは $s(1)$ のことであり，3とは $s(2)$ のことであるとします．そうすると，自然数の足し算 + は，つぎのように定義することができます．

$$a + s(b) = s(a + b) \tag{7.2}$$

また，
$$a + 1 = s(a) \tag{7.3}$$
と定義します．これらのルールにより，
$$3 + 2 = 3 + s(1) = s(3 + 1) = s(s(3)) = s(4) = 5 \tag{7.4}$$
と計算することができます．ここでは，0 やマイナスの数は定義されていませんが，足し算だけは問題なく行うことができます．

ただ単に数を足すということだけであれば，上の定義で十分ですが，われわれは，しばしば逆の演算を必要とすることがあります．たとえば，「45 円のおかしを買うのに 100 円を渡しました．おつりはいくらでしょうか」という問題は，
$$45 + x = 100 \tag{7.5}$$
という方程式を解けばよいのですが，この解は通常，100 − 45 と表現されます．このような逆の演算を考えると，問題が生じる場合があります．「120 円のおかしを買うのに 100 円を渡しました．おつりはいくらでしょうか」という問題は，同様に
$$120 + x = 100 \tag{7.6}$$
という方程式で表現されますが，自然数の範囲でこれを解くことはできません．「これは解けません」という答えは，正しいのですが，数の定義を拡張することによって，この方程式を解けるようにすることができます．これが数の拡張（拡大）です．この場合，0（ゼロ）と負の数を導入することによって解けるようになります．この例の場合，負の数を導入することによって，負債を表現できるようになります．自然数にゼロと負の数を付加したものを**整数** (integer) とよびます．整数の集合を普通，$\mathbb{Z}$ と書きます．

本章では，群という代数構造（集合に演算がセットになったもの）を扱いますが，非常に単純な群として整数があります．自然数はもっと単純な構造と考えられますが，群ではありません．7.3 節で群の数学的な定義を与えますが，大雑把ないい方をすれば，群であるためには以下の二つの条件が成り立つ必要があります．

- 0（ゼロ）に相当するものが存在する．$0 + a = a + 0 = a$ である．
- $a + x = b$ という方程式が，任意の a, b についていつも解くことができる．

以下では，群の定義とその構造について考えてみます．われわれは，無意識のうちに群や群の中に含まれる群（部分群）などの構造を利用しています．それについて見てみましょう．

7.2 符号とは何か，余りとは何か

まずは，身近な例からスタートしましょう．普通の実数とその掛け算を考えてください．これは群となります．このとき，実数には符号というものがあり，つぎのような性質があります．

$$(+\text{の数}) \times (+\text{の数}) = (+\text{の数}) \tag{7.7}$$

$$(+\text{の数}) \times (-\text{の数}) = (-\text{の数}) \tag{7.8}$$

$$(-\text{の数}) \times (+\text{の数}) = (-\text{の数}) \tag{7.9}$$

$$(-\text{の数}) \times (-\text{の数}) = (+\text{の数}) \tag{7.10}$$

このとき，0という数については符号が決まらないので，とりあえずここでは考える対象から除外します．ここで，符号をつぎのような写像 ϕ で考えます．

$$\phi(x) = \begin{cases} 1 & (x < 0) \\ 0 & (x > 0) \end{cases} \tag{7.11}$$

この写像は図 7.1 のように見ることができます．このとき，写像された先の世界では 0 と 1 しか要素がありません．これらについての演算は，

$$0 \circ 0 = 0 \tag{7.12}$$

$$0 \circ 1 = 1 \tag{7.13}$$

$$1 \circ 0 = 1 \tag{7.14}$$

$$0 \circ 0 = 0 \tag{7.15}$$

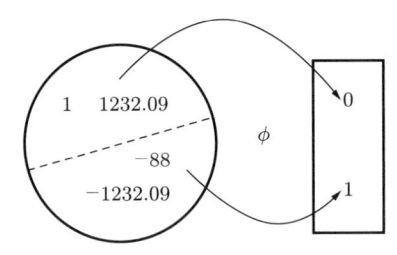

図 7.1 0 以外の実数から $\{0, 1\}$ への写像

と書くことができます．式 (7.12)〜(7.15) で 0, 1 の間に用いられている丸 (∘) は，ここでの便宜的な記号です．ここで重要なのは，実数の集合を代表している 0 と 1 が「演算」できるということです．この演算規則によって，逆に実数の演算において結果がどのようになるのか予想することができます．もし，

$$(-2.56) \times 4.65 = 9.32 \tag{7.16}$$

という式があれば，この式の細かな数字がどうあれ，この式は間違っているということがわかります．なぜならば，$-2.56 \to 1$, $4.65 \to 0$ という対応によって，この演算の結果は 1 に対応づけられなければならないということがわかります．ところが $9.32 \to 0$ なので，これは矛盾です．このような対応のことを**準同型** (homomorphism) とよびます．

この場合の対応を式で書けば，

$$\phi(xy) = \phi(x) \circ \phi(y) \tag{7.17}$$

と書くことができます．準同型が存在すると，それによって対応づけられた世界でものを考えることができます．ただし，対応づけられた世界はより抽象的なものになります．

もう一つの例を考えてみましょう．与えられた整数を 2 で割った余りについて考えます．この余りは割り切れれば 0，割り切れなければ 1 になります．伝統的に，2 で割り切れる数のことを「偶数 (even number)」，2 で割り切れない数のことを「奇数 (odd number)」とよんでいます．われわれは，偶数と偶数を足すと偶数になったり，奇数と偶数を足すと奇数になるというようなことを経験的に知っています．ここで，偶数 $\to 0$, 奇数 $\to 1$ という対応を考えてみましょう（図 7.2 参照）．すると，やはり数の演算は，

$$0 \circ 0 = 0 \tag{7.18}$$
$$0 \circ 1 = 1 \tag{7.19}$$
$$1 \circ 0 = 1 \tag{7.20}$$
$$1 \circ 1 = 0 \tag{7.21}$$

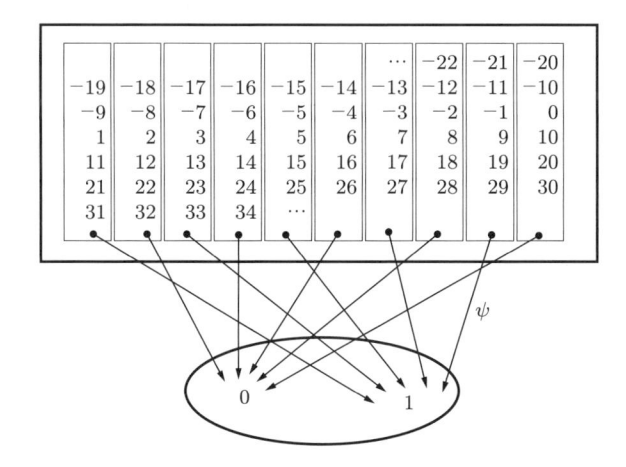

図 7.2 整数から $\{0, 1\}$ への写像

という性質によって記述される世界を作り出します．前の例と同様に式で書けば，

$$\psi(n) = \begin{cases} 0 & (n：偶数) \\ 1 & (n：奇数) \end{cases} \quad (7.22)$$

と定義して，$\psi(n+m) = \psi(n) + \psi(m)$ となります．これもまた，一つの準同型であり，

$$3245 + 4435 = 33223 \quad (7.23)$$

という式を見たら，即座にそれが間違っていることがわかります．なぜならば，奇数 + 奇数 = 奇数 ということはありえないからです．実数の掛け算と整数の偶奇はまったく関係ない話ですが，準同型によってまったく同じ世界に対応づけられてしまいました．いったん対応づけられてしまうと，対応づけられた世界としてはまったく同じものであり，同じ思考によって物事が議論できることになります．

これからわれわれが扱おうとしている世界は，抽象的な世界です．われわれが雑多に眺めることのできる世界では，いろいろな要素が同時に見えています．これからやろうとするのは，この雑多な世界から抽象的な世界への対応を考えて，抽象的な世界で物事を考えようということです．こうすれば，余分なものを見ないで物事のエッセンスが見えてくるはずです．

ここで用意する道具は演算というものに絡むので，演算をもとにした構造です．演算の世界を抽象化したものには群，環，体などがあります．それぞれいろいろな現象を考えるうえで重要な道具ではあるのですが，ここではその中でもっとも単純な構造である群に焦点を当てます．また，あとの章でお話しする基本群やホモロジー群でも，群は中心的な役割を演じます．

7.3 群の定義

「群」という名前から，難しいのではないかと思われるかもしれませんが，群の定義は非常に単純です．ただし，この単純な構造から一定の性質を導くことには，ある程度論理的な思考を必要とします．まず，群について定義してみましょう．

> **定義 7.1** 群 (group) G は集合であり，演算が定義されている．G の任意の二つの要素を演算することにより，G の要素を得られる．すなわち，G は演算 ∘ について閉じており，写像として
>
> $$\circ : G \times G \to G \quad (7.24)$$

と表現できる．このとき，G が群であるためには，つぎの性質が成り立つことが必要かつ十分である．

1. G の任意の要素 a, b, c について

$$(a \circ b) \circ c = a \circ (b \circ c) \quad (結合則) \tag{7.25}$$

2. G の中にある要素 e が存在して，G の任意の要素 a について

$$a \circ e = e \circ a = a \tag{7.26}$$

このような e のことを**単位元** (identity element) とよぶ．

3. G の任意の要素 a に対応して G の要素 a^{-1} が存在して

$$a \circ a^{-1} = a^{-1} \circ a = e \tag{7.27}$$

このような a^{-1} のことを a の**逆元** (inverse element) とよぶ．

このように定義される群の例は，われわれの身近にいっぱいあります．たとえば，整数とその演算である足し算を考えたとき，それは群をなします．本当かどうか確認してみましょう．

まず，二つの整数を足せば結果は整数になります．決して無限大になったり，小数になったりはしません．このように，演算をしても同じ世界の中に結果があることを「閉じている」といいます．つぎに，足す順番です．整数 a, b, c について

$$a + (b + c) = (a + b) + c \tag{7.28}$$

になることは経験的に納得できると思います．三つの数字を足す場合，どの二つの + のうちどちらを先に演算してもかまいません．また，整数の中には 0 という数があります．この数について，

$$0 + a = a + 0 = a \tag{7.29}$$

となります．そして，a に対して $-a$ が存在して，

$$a + (-a) = (-a) + a = 0 \tag{7.30}$$

となります．以上より，整数の集合は，演算 + をともなって群となります．

さらに，群の例について考えてみましょう．2×2 行列の集合を考えてみます．

$$G = \left\{ \begin{pmatrix} 1 & 0 \\ 0 & 1 \end{pmatrix}, \begin{pmatrix} 0 & 1 \\ 1 & 0 \end{pmatrix} \right\} \tag{7.31}$$

最初の要素は単位行列であり，2 番目の要素は 2 乗すれば単位行列となります．演算は行列の掛け算とします．このとき，単位行列を **0** と書き，2 番目の行列を **1** と書け

ば，$G = \{\mathbf{0}, \mathbf{1}\}$ と書くことができます．まず，行列の掛け算について結合則が成り立つことは自明です．したがって，群の第 1 の条件は成り立ちます．また，$\mathbf{0}$ は単位行列であるので，群としての単位元となり，第 2 の条件も成り立ちます．さらに，

$$\begin{pmatrix} 0 & 1 \\ 1 & 0 \end{pmatrix} \begin{pmatrix} 0 & 1 \\ 1 & 0 \end{pmatrix} = \begin{pmatrix} 1 & 0 \\ 0 & 1 \end{pmatrix} \tag{7.32}$$

という性質から $\mathbf{1}$ の逆元は $\mathbf{1}$ 自身であることから，第 3 の条件も成り立ちます．実は，このように考えると，群 G の演算は式 (7.18)〜(7.21) で示されるものと同じになります．

さらに，つぎのような集合を考えましょう．

$$H = \{-1, 1\} \tag{7.33}$$

この集合の要素は普通の整数です．演算は整数の通常の掛け算であるとします．H は群をなします．閉じていることは自明であり，整数の掛け算ですから，結合則が成立することは自明です．また，$(-1) \times (-1) = 1$ であることから，-1 の逆元は -1 自身になります．以上より，H は群となります．この場合，-1 を $\mathbf{1}$ と書き，1 を $\mathbf{0}$ と書けば，前述の例と同様に，H の演算は式 (7.18)〜(7.21) で示されるものになります．このように，見かけ上違う形をした二つの群 H, G でも，見方を変えると同じものになる場合，われわれはこれらを同じ群と考えます．このとき，H と G は**同型である** (isomorphic) といい，$H \cong G$ と書きます．すなわち，H の要素を G へ移す全単射 f が存在して $f(x \circ y) = f(x) \cdot f(y)$，$f^{-1}(X \cdot Y) = f^{-1}(X) \circ f^{-1}(Y)$ となるとき，H と G は同型となります．ただし，$x, y \in H$，$X, Y \in G$ とし，H, G 上の演算はそれぞれ $\circ$ と $\cdot$ であるとします．また，このとき，f のことを**同型写像** (isomorphism) といいます．

7.4 群の例 ── 数でないものを数のように扱う ──

われわれが群を考える場合，何かの行為を群の要素として，その行為を連続して作用させることで演算を表現することがあります．

たとえば，図 7.3(a) のような長方形 ABCD を考えます．ここで，この長方形を同じ長方形に重ねるような「ひっくり返し」として，図 7.3(b) のような τ という作用，さらに図 (c) のような σ という作用を考えます．それぞれの作用は 2 回連続して作用させるともとに戻ります．すなわち，

$$\tau^2 = e, \quad \sigma^2 = e \tag{7.34}$$

7.4 群の例——数でないものを数のように扱う——

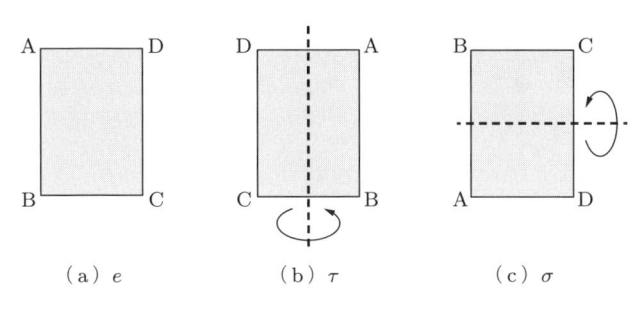

(a) e　　　(b) τ　　　(c) σ

図 7.3　クラインの四元群

が成り立ちます[*1]．ただし，「何もしない」という要素を e と書くことにします．また，τ を実行してから σ を実行するのと，σ を実行してから τ を実行するのは同じ結果となります．すなわち，

$$\tau\sigma = \sigma\tau \tag{7.35}$$

となります[*1]．ただし，この結果は σ とも τ とも異なるものです．ここから容易に結論できることは，これらの作用は $G = \{e, \tau, \sigma, \tau\sigma\}$ という四つの要素の集合の中で閉じているということです．演算表を書けば，表 7.1 のようになります[*2]．この集合の要素は「作用」であり，この作用は四つの演算の間で閉じていて，さらに「何もしない」という要素 e が単位元となっていて，それ以外の要素を自分自身に作用させると e になります．よって，G は群となります．この群は**クラインの四元群** (Klein's four-group) とよばれるものです．実は，この群は

$$H = \left\{ \begin{pmatrix} 1 & 0 \\ 0 & 1 \end{pmatrix}, \begin{pmatrix} -1 & 0 \\ 0 & 1 \end{pmatrix}, \begin{pmatrix} 1 & 0 \\ 0 & -1 \end{pmatrix}, \begin{pmatrix} -1 & 0 \\ 0 & -1 \end{pmatrix} \right\} \tag{7.36}$$

という行列を要素とし，行列の積を演算とする群と同じものになります．これより，行列はそもそも作用を表すものであると解釈できます．

表 7.1　クラインの四元群の演算表

	e	τ	σ	$\tau\sigma$
e	e	τ	σ	$\tau\sigma$
τ	τ	e	$\tau\sigma$	σ
σ	σ	$\tau\sigma$	e	τ
$\tau\sigma$	$\tau\sigma$	σ	τ	e

[*1] 多くの場合，$\tau \circ \tau = \tau^2$，$\tau \circ \sigma = \tau\sigma$ のように，演算記号を省略して掛け算の形で書くことがあります．
[*2] 演算表では，最上段の要素の一つ a と最左列の要素の一つ b との演算 ab の結果は，a, b からそれぞれ下方向，右方向に延ばした線の交わる位置の要素となります．

もちろん，要素の対応としては，

$$e \leftrightarrow \begin{pmatrix} 1 & 0 \\ 0 & 1 \end{pmatrix},$$

$$\tau \leftrightarrow \begin{pmatrix} -1 & 0 \\ 0 & 1 \end{pmatrix},$$

$$\sigma \leftrightarrow \begin{pmatrix} 1 & 0 \\ 0 & -1 \end{pmatrix},$$

$$\tau\sigma \leftrightarrow \begin{pmatrix} -1 & 0 \\ 0 & -1 \end{pmatrix} \tag{7.37}$$

となります．また，クラインの四元群と H は同型となります．

ここで示した群をさらに単純なものとして解釈することはできないでしょうか．われわれは非常に単純な群として，$G_1 = \{1, -1\}$ という群（要素は数で演算は数の積）を考えることができます．この群の要素を二つ並べた順序対の集合を考えます[*1]．順序対は座標ですから，つぎのような集合となります．

$$G_2 = \{(1,1), (1,-1), (-1,1), (-1,-1)\} \tag{7.38}$$

この集合の要素間に演算を導入します．ここでは，

$$(a_1, b_1) \circ (a_2, b_2) = (a_1 a_2, b_1 b_2) \tag{7.39}$$

と定義すれば，問題は解決します（∘はここでの演算を表す）．このようにして定義される群 G_2 は，やはりクラインの四元群と同型の群となります．上のように，順序対を集めた集合（すなわち集合の直積）によって新しくできた群のことを，**群の直積**とよびます．

この節では，クラインの四元群をいろいろな形で表現しました．もちろん群の構造としてはすべて同じであり，同じものを別の形で眺めているということになっています．

クラインの四元群はいささか単純すぎるので，もう少し複雑な群について見てみます．やはり変換群なのですが，今度は三つの記号 a, b, c について考えます．これらの記号を入れ替えるという行為を考えます．たとえば，$(a \to b, b \to a, c \to c)$ のように置き換えを表現することができます．この記号を用いて，

$$e = (a \to a, b \to b, c \to c) \tag{7.40}$$

$$x = (a \to b, b \to a, c \to c) \tag{7.41}$$

[*1] 順序対については第 2 章で説明しました．

$$y = (a \to c, b \to b, c \to a) \tag{7.42}$$
$$z = (a \to a, b \to c, c \to b) \tag{7.43}$$
$$s = (a \to b, b \to c, c \to a) \tag{7.44}$$
$$t = (a \to c, b \to a, c \to b) \tag{7.45}$$

と表します．実は，これらは三つの要素を入れ替えるすべての入れ替え方を表しています．これらの要素をすべて集めて，

$$S_3 = \{e, x, y, z, s, t\} \tag{7.46}$$

とすると群になります．このような群のことを**対称群** (symmetric group) とよびます．この場合，三つの要素を入れ替えるので，特に「3次対称群」とよびます．一般に，n 個の要素を入れ替えるすべての方法を列挙する群のことを「n 次対称群」とよびます．これらは入れ替えですから，容易に演算を行うことができます[*1]．たとえば，

$$\begin{aligned}xy &= (a \to b, b \to a, c \to c)(a \to c, b \to b, c \to a) \\ &= (a \to b, b \to c, c \to a) = s\end{aligned} \tag{7.47}$$

となります．明らかに，この演算についてこの集合は閉じていて，e は単位元であり，さらに，矢印の向きを逆にすれば，それが逆元となります．したがって，S_3 は群をなします．

ここで注意してほしいのは，この群はクラインの四元群のような可換群（交換則 $xy = yx$ が成り立つ群）ではないということです．すなわち，要素を入れ替えると結果が同じになりません．たとえば，

$$\begin{aligned}yx &= (a \to c, b \to b, c \to a)(a \to b, b \to a, c \to c) \\ &= (a \to c, b \to a, c \to b) = t\end{aligned} \tag{7.48}$$

となり，式 (7.47) の結果と等しくなりません．

ここで面白い性質があります．この群の部分集合でやはり群になるものがあります．それは，つぎのような群です．

$$A_3 = \{e, s, t\} \tag{7.49}$$

この群は S_3 と同じ演算について閉じています．このように部分集合になっていて，しかも同じ演算について閉じている群のことを，もとの群の**部分群** (subgroup) とよ

[*1] 入れ替えを適用する順序は2通り考えられますが，ここでは，左側の入れ替えを行ったあとに右側の入れ替えを行った結果を演算の結果としています．

びます．この群には「3次の交代群」という名前がついています[*1]．

以上に見たように，群でいろいろなものを表現するメリットは，数でないものを数のように演算できる点にあります．演算を導入することによって，方程式を解いたり，全体の構造を調べたりすることが可能になります．群で表現できる多くのものでは，その要素が「作用」に対応しています．これからあとの章で出てくる基本群も「経路」を抽象化したものであり，「ある場所から同じ場所へ戻ってくる道筋」を要素としたものです．その間に演算を定義することによって，われわれの感覚で数に近いような扱いが可能になります．

7.5 群の表現方法 ── 群とその生成元 ──

実は一般的に群の話をしようとすると，非常に広い話になります．これまでも述べたように，われわれの知っているもので群として表現されるものはいっぱいあります．たとえば，空間中のある特定の点を中心とした回転という操作は群をなします．これは，ある特殊な形の行列を集めたものとして表現されます．たとえば，2次元平面上の原点を中心とする回転運動は，2次の行列の形でつぎのように表現することができます．

$$R(\theta) = \begin{pmatrix} \cos\theta & -\sin\theta \\ \sin\theta & \cos\theta \end{pmatrix} \tag{7.50}$$

これを用いれば，回転の群は

$$G = \{R(\theta) \mid 0 \leq \theta < 2\pi\} \tag{7.51}$$

と表現できます．このように，要素が連続的なパラメータで表現される無限個の要素から構成されている群を**連続群** (continuous group) とよびます．ここで，単位元は $R(0)$ であり，$R(\theta)$ の逆元は $R(2\pi - \theta)$ です．もちろん演算は行列の掛け算です．これは，任意の角度 θ と ϕ について

$$R(\theta + \phi) = R(\theta)R(\phi) \tag{7.52}$$

という関係式から容易にわかります．

以上のように群全体がはっきりとわかる場合にはよいのですが，すべての群がこのようにすっきりと書けるとは限りません．群を表現する場合によく用いられる手法として，生成元による方法があります．ここでは，まずつぎのような状況を考えます．ある要素 a がある群 G の要素であるとします．このとき，

[*1] 一般に，n 次の対称群の部分群としていつも n 次の交代群を定義することができますが，ここでは深入りしません．興味のある方は群論の教科書を読んでください．

$$H = \{a^i \mid i = 0, \pm 1, \pm 2, \ldots\} \tag{7.53}$$

という集合を考えます．ここで，a^{-1} は a の逆元（当然 G の要素です）を表し，$a^{-2} = (a^{-1})^2$ と考えます．また，a^0 は G の単位元とします．すると，H は群をなします．なぜならば，H は単位元を含み，さらにすべての元についてその逆元を含んでいて，なおかつ H は G の演算に関して閉じているからです．この群のことを

$$H = \langle a \rangle \tag{7.54}$$

と書き，「a によって生成される群」とよびます．また，a のことをこの群の**生成元** (generator) とよびます．ある n について $a^n = e$ となる場合があります．この場合，

$$H = \langle a \mid a^n \rangle \tag{7.55}$$

と書きます．特に，もとの群 G の要素数が有限の場合，すなわち G が有限群の場合，必ずこのような n が存在します．なぜならば，$a^0, a^1, a^2, \ldots$ という列を作ると，この中に必ず等しい要素が出てきます．そうでなければ，もとの要素は無限に多くなってしまいます．よって，$a^i = a^j$ となる i, j $(i > j)$ があります．これより，直接 $a^{i-j} = e$ という結果を得ます．

さらにこの記法を拡張して，二つの要素 a, b によって生成される群というものを考えます．たとえば，$H = \langle a, b \rangle$ という群は，

$$H = \{a^{i_1} b^{j_1} a^{i_2} b^{j_2} \cdots \mid i_1, j_1, i_2, j_2, \ldots \text{ は整数 }\} \tag{7.56}$$

を表しています．このような群を a と b から生成される**自由群** (free group) とよびます．これは，群の要素については一般に交換則が成り立たないことによります．交換則が成り立つ場合，$ab = ba$ ですから，式 (7.55) の記法に従えば，

$$H = \langle a, b \mid aba^{-1}b^{-1} \rangle \tag{7.57}$$

と書けます．この場合，要素どうしの交換を行うことによって，すべての要素は $a^i b^j$ という形に書けるので，

$$H = \{a^i b^j \mid i, j \text{ は整数 }\} \tag{7.58}$$

ということなります．実はこれは，$\mathbb{Z}^2$ と同型です．この群は本書ではたびたび登場します．

世の中によく出てくる群のうち，上の表記方法によって書けるものがいくつかあるので，ここでまとめます．

$$\langle a_1, a_2, \ldots, a_n \rangle : \text{自由群} \tag{7.59}$$

$$\langle a_1, a_2, \ldots, a_n \mid a_i^{-1} a_j^{-1} a_i a_j \rangle : \text{自由アーベル群} \tag{7.60}$$

$$\langle a \mid a^n \rangle : \text{巡回群} \tag{7.61}$$

7.6 正規部分群と準同型定理

部分群について，もう少し深く考えてみます．群 G を部分群 H を用いて分類することを考えましょう．まず，H を用いて以下のような同値関係 $\sim$ を作ります．$a, b \in G$ について，

$$a \sim b \iff ab^{-1} \in H$$

と定義します．この関係が同値関係になっていることは，以下のように簡単に確認することができます．$aa^{-1} = e \in H$ であるので $a \sim a$ です．また，$a \sim b$ と仮定すれば $ab^{-1} \in H$ であるので，H が群であることから $(ab^{-1})^{-1} = ba^{-1} \in H$ であり，これより $b \sim a$ が得られます．最後に，$a \sim b$ かつ $b \sim c$ と仮定すれば，$ab^{-1}, bc^{-1} \in H$ であり，これより $ab^{-1}bc^{-1} = ac^{-1} \in H$ が得られ，したがって $a \sim c$ が得られます．

この同値関係によって G を分類することができます．このようにして得られた分割のそれぞれを**剰余類** (residue class) または **コセット** (coset) とよびます．単位元と同値な要素の全体は一つの剰余類を構成し，これは，H 自身にほかなりません．また，ある $a \in G$ を固定したとき，$a \sim b$ となる b の全体は，$ab^{-1} = c \in H$ となるもののすべてであり，$b = c^{-1}a$ という形の全体なので，Ha と書くことができます．これを右剰余類とよび，すべての右剰余類による G の分解 $\bigcup_{a \in G} Ha$ を H の右剰余類分解とよびます．同様にして，左剰余類分解 $\bigcup_{a \in G} aH$ を定義できます．これらは一般に，まったく異なる分解となります．

特殊な場合として，左剰余類と右剰余類が一致する場合を考えてみましょう．すなわち，G の任意の要素 a について $Ha = aH$ となる場合です．この場合，もちろん 2 種類の剰余類分解は一致します．このような部分群 H のことを**正規部分群** (normal subgroup) とよびます．この場合，$s \in aH, t \in bH$ ならば，$s = au, t = bu', u, u' \in H$ と書けるので，$st = aubu'$ となります．ここで，$ub \in Hb$ であり，$Hb = bH$ であることから，$ub = bu''$ となる $u'' \in H$ が存在します．したがって，$st = aubu' = abu''u \in abH$ となり，それぞれの剰余類の任意の要素どうしの演算は，ある特定の剰余類の要素となります．すなわち，要素どうしの演算から，剰余類どうしの演算を定義できます．剰余類どうしの演算で $eH = H$ は単位元であり，aH の逆元は $a^{-1}H$ となるので，この剰余類を集めた集合は群となります．この群のことを G/H と書き，G を H で割った**商群** (quotient group) とよびます．このように，正規部分群が得られれば，それによって新たな群を作り出すことができます．

つぎに，ある群 G から別の群 H への準同型 f を考えます．このとき，G の要素で，H の単位元に写像される要素の集合を，この準同型の**カーネル** (kernel) または**核**と

よび，Ker$f$ と書きます．G と H の単位元をそれぞれ e, e' とします．Ker$f$ は

$$\mathrm{Ker} f = \{a \in G \mid f(a) = e'\} \tag{7.62}$$

と定義できます．このとき，Ker$f$ は G の部分群となっています．なぜならば，$f(e) = f(ee) = f(e)f(e)$ より，$f(e) = e'$ です．また，$e' = f(e) = f(aa^{-1}) = f(a)f(a^{-1})$ より，$a \in$ Ker$f$ ならば，$f(a) = e'$ であり，$f(a^{-1}) = e'$ となるので，$a^{-1} \in$ Ker$f$ となります．さらに，$a, b \in$ Ker$f$ ならば，$f(a) = f(b) = e'$ であり，$f(ab) = f(a)f(b) = e'$ より，$ab \in$ Ker$f$ となって閉じています．

実は，さらに以下の性質が成り立ちます．

性質 7.1 Ker$f$ は G の正規部分群である．

[証明] $a \in G$ とする．$a(\mathrm{Ker}f)a^{-1}$ を考えると，この集合は，f によって，

$$f(a(\mathrm{Ker}f)a^{-1}) = f(a)f(\mathrm{Ker}f)f(a^{-1}) = f(a)\{e\}f(a)^{-1} = \{e\} \tag{7.63}$$

となり，$a(\mathrm{Ker}f)a^{-1} \subset$ Ker$f$ となる．また，写像 $\phi(x) = axa^{-1}$ は単射である．なぜならば，$axa^{-1} = aya^{-1}$ ならば，$x = y$ となるからである．さらに，$axa^{-1} = y, y \in$ Ker$f$ となる x は $x = a^{-1}ya$ であり，これはカーネルの要素である．以上より，ϕ は全単射となり，つねに逆元が存在する．これより，任意の $y \in$ Ker$f$ について $\phi(x) = y$ となる x を Ker$f$ の内部から見つけ出すことができる．すなわち，$a(\mathrm{Ker}f)a^{-1} =$ Ker$f$ となる．これより，$a(\mathrm{Ker}f) = (\mathrm{Ker}f)a$ となり，Ker$f$ は正規部分群となる．[証明終わり]

この結果から，$G/\mathrm{Ker}f$ は群になることがわかります．この群がどのような構造をもつ群になるかが問題なのですが，これについては，以下の**準同型定理** (homomorphism theorem) とよばれる定理が成り立ちます．

性質 7.2 (準同型定理) $G/\mathrm{Ker}f \cong \mathrm{Im}f$

[証明] この定理を証明するためには，まず，二つの写像 $\tau : G \to G/\mathrm{Ker}f$ と $\sigma : G/\mathrm{Ker}f \to \mathrm{Im}f$ を考える．最初に $a \in G$ として，

$$\tau : a \mapsto a\mathrm{Ker}f \tag{7.64}$$

と定義する．前述のように Ker$f$ は G の正規部分群なので，τ は準同型となる．$\tau(a) = \tau(b)$ と仮定すれば，a と b は同じ剰余類に含まれることになるので，結局，$a\mathrm{Ker}f = b\mathrm{Ker}f$ となる．これより，Ker$f$ の要素 c を用いて，$a = bc$ と書くことができる．よって，$f(a) = f(bc) = f(b)f(c) = f(b)$ となり，f による像が一致する．また，$\sigma(\tau(x)) = f(x)$ となるように σ を決めることが可能である．すなわち，

$$\sigma : x\mathrm{Ker}f \mapsto f(x) \tag{7.65}$$

と定義する．このとき，σ は準同型となる．なぜならば，

$$\sigma(x\mathrm{Ker}fy\mathrm{Ker}f) = \sigma(xy\mathrm{Ker}f) = f(xy)$$
$$= f(x)f(y) = \sigma(x\mathrm{Ker}f)\sigma(y\mathrm{Ker}f) \tag{7.66}$$

となるからである．また，ある要素を $z = \mathrm{Im}f$ からとれば，$z = f(x)$ となる x が存在する．それを用いて $x\mathrm{Ker}f$ を構成すれば，これは σ によって $f(x) = z$ に写像されるので，σ は全射となる．

また，$\sigma(x\mathrm{Ker}f) = \sigma(y\mathrm{Ker}f)$ と仮定すれば，これは，$f(x) = f(y)$ であることなので，$f(x)f(y)^{-1} = f(xy^{-1}) = e'$ ということになり，$xy^{-1} \in \mathrm{Ker}f$ となる．これは，x と y が同じ剰余類に含まれることを意味し，$x\mathrm{Ker}f = y\mathrm{Ker}f$ となる．したがって，σ は単射となる．以上より，σ は全単射となり，全単射な準同型で結ばれた二つの群は同型であることから，$G/\mathrm{Ker}f \cong \mathrm{Im}f$ となる． 証明終わり

7.7 交換子群と群の可換化

これまでの議論からわかるように，一般に群の要素は交換しませんが（すなわち，交換則が成り立ちませんが），一般の群から交換する部分だけを取り出すことはできます．この操作について考えてみます．

群 G の二つの要素 a, b について，交換則が成り立つ（a と b が交換する）としましょう．すると，これは，

$$ab = ba \tag{7.67}$$

と書くことができます．これを変形すると，

$$a^{-1}b^{-1}ab = e \tag{7.68}$$

となります．ここで，$a^{-1}b^{-1}ab$ のことを a と b の**交換子** (commutator) とよび，これを $[a, b]$ と書くことにしましょう．a と b が交換することと，$[a, b] = e$ は同値です．交換子には，面白い性質がいくつかあります．たとえば，以下の性質が成り立ちます．

$$[a, b][b, a] = e \quad (\text{すなわち, } [a, b]^{-1} = [b, a]) \tag{7.69}$$

$$[a, e] = e \tag{7.70}$$

$$[x, xy] = [x, y] \tag{7.71}$$

$$z^{-1}[x, y]z = [xz, y][y, z] = [x[x, z], y[y, z]] \tag{7.72}$$

証明は読者にお任せして，ここでは議論しません．まず，ここではもとの群 G から

その要素の交換子によって生成される群を考えます（これが群であるということはまだ示されていません）．これを $D(G)$ と書くことにします．すなわち，$D(G)$ は

$$X(G) = \{[a,b] \mid a,b \in G\} \tag{7.73}$$

と書いたとき，集合 $X(G)$ より演算によって生成される集合のことです．このような集合が群になっていることを示しましょう．$D(G)$ の上の演算は，G のものと同じものを用います．したがって，結合則は自明に成り立ちます．また，単位元が存在することは，適当な G の要素 a を用いて，

$$[a,a] = a^{-1}a^{-1}aa = e \tag{7.74}$$

から明らかです．また，ある要素 b が $D(G)$ の要素であるとすれば，G の要素 $s_1, t_1, s_2, t_2, \ldots, s_n, t_n$ を用いて，$b = [s_1,t_1][s_2,t_2]\cdots[s_n,t_n]$ と書くことができます．ここで，

$$[s,t]^{-1} = (s^{-1}t^{-1}st)^{-1} = t^{-1}s^{-1}ts = [t,s] \tag{7.75}$$

となるので，

$$b^{-1} = [t_n,s_n][t_{n-1},s_{n-1}]\cdots[t_1,s_1] \in D(G) \tag{7.76}$$

となり，b^{-1} は $D(G)$ の要素となります．すなわち，$D(G)$ に b の逆元が存在します．$X(G)$ の要素から生成されるすべての要素は $D(G)$ に入るので，以上より，$D(G)$ は群となります．定義より，これは G の部分群であり，**交換子群** (commutator subgroup) とよばれます．

この群にはいろいろな性質がありますが，まず顕著なのは，つぎの性質です．

性質 7.3 群 G の任意の要素 t について，$t^{-1}D(G)t = D(G)$ である．

[証明] $[a,b] \in D(G)$ とすると，

$$\begin{aligned}t^{-1}[a,b]t &= t^{-1}a^{-1}b^{-1}abt = t^{-1}a^{-1}tt^{-1}b^{-1}tt^{-1}att^{-1}bt \\ &= [t^{-1}at, t^{-1}bt] \in D(G) \end{aligned} \tag{7.77}$$

となる．さらに，$x, y \in D(G)$ とすると，$t^{-1}xt = t^{-1}yt$ であるとすれば，$x = y$ となるので，異なる要素は写像 $\phi(x) = t^{-1}xt$ によって異なる要素に写像される．すなわち，ϕ は単射である．一方，$y \in D(G)$ について $\phi(x) = y$ となる x は tyt^{-1} となるので，全射である．以上より，ϕ は $D(G)$ 上の全単射であることがわかり，$\phi(D(G)) = D(G)$ となり，上の性質が成り立つ． [証明終わり]

この性質から，交換子群は正規部分群になっているといえます．したがって，$G/D(G)$ は群となります．さらに，剰余類 $aD(G)$ と $bD(G)$ の積は，

$$aD(G) \cdot bD(G) = abD(G) = ab[b,a]D(G) = baD(G) \tag{7.78}$$

となり，$G/D(G)$ が可換群であることがわかります．この群のことを G の**可換化** (Abelianization) とよびます．もともと交換則の成り立たない群から交換則の成り立つ群を構成することができ，その作り方はただ一つです．

可換化は，交換則の成り立たない群の上で交換則が成り立つと無理矢理ルールを変更して（付け加えて），いくつかの要素をグループにして，さらにそれらのグループを一つの要素として眺めることであると考えることができます．7.4 節で説明した 3 次対称群の場合，$xy = s, yx = t$ ということから，s と t は同じグループに入り，$sx = z, xs = y$ であることから，z と y は同じグループに入ることになります．いくつかのものについてチェックしてみると，3 次対称群の可換化は $\{\{x,y,z\},\{e,s,t\}\}$ と書け，結局二つの要素をもつ群になることがわかります．もちろん，交換子群を作って，そこから同値類を構成しても同じ結果となります．

○○● 演習問題 7 ●○○

7.1 自然数の定義にしたがって，$4+5$ を計算せよ．

7.2 3 次の対称群の演算表を書け．

7.3 生成元を用いて，3 次の対称群を表現せよ．

7.4 自然数の定義にしたがって，任意の自然数 m, n について，$m+n = n+m$ であることを示せ．

7.5 要素が四つの群をすべて列挙せよ．

7.6 クラインの四元群は長方形の上の変換だったが，正方形を正方形に重ね合わせる群を求めよ．

7.7 群に単位元が二つあるとすると，結局それらは等しくなることを示せ．

7.8 3 次対称群の交換子群は何か．また，3 次対称群を可換化するとどのような群が現れるか．

7.9 群 G から H への準同型 f が存在したとする．そのとき，以下のことを示せ．

(1) $f(e) = e$
(2) $f(a^{-1}) = (f(a))^{-1}$
(3) $f([a,b]) = [f(a), f(b)]$
(4) $\{x \in G \mid f(x) = e\}$ は群をなす

第8章 じわじわと動かす ── ホモトピー ──

われわれが対象としている実体は位相空間です．本章では，位相同型な空間に不変な性質を調べましょう．与えられた位相空間がどのような構造をもっているのかを調べる一番基本的な方法は，位相空間の中で点を動かしてみることです．ここでは，「経路 (path)」というものを用いて位相空間の構造を調べることを試みます．

8.1 空間の中を歩いてみる

ここでは，経路 (path) もしくは道という考え方を導入します．これは人が道を歩くイメージに近いものです．

まず，図 8.1 に示されているような庭を歩いていると考えてください．この場合，図の A 地点から B 地点への移動を考えます．A 地点から B 地点へはいろいろな行き方があります．この節でのわれわれのテーマは，この「行き方」を分類することです．以前からのわれわれの方針は，引き伸ばしたり，縮めたりすることによって変化しない性質を導き出すことでした．ここで「経路」とよんでいるものは，A 地点から B 地点へ地面を通って至る「行き方」です．ここでは，池をボートで渡ったり，家の壁や屋根をよじ登ったりするような経路は考えません．すなわち，地面以外の場所は通行不能であると考えます．もちろん，家の玄関から裏口へ抜ける経路というものも考えません．

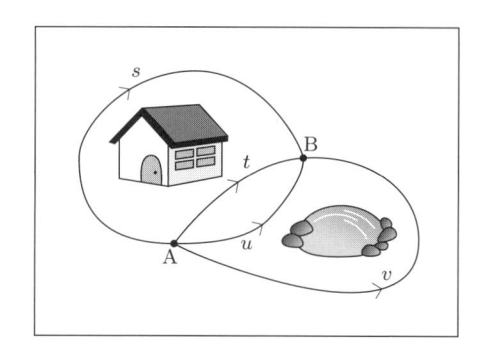

図 8.1　この絵の中で A 地点から B 地点へ行くいくつかの経路

図 8.1 の経路 t は，普通に A から B へ移動するものです．その隣に位置する経路 u も素直に A から B へ移動する経路です．これに対して，v という経路は池の反対側を回って B へ至る経路です．さらに，経路 s は家の裏側を通って B へ至る経路です．ここで，それぞれの経路について，それをちょっとだけずらした経路を考えることができます．すなわち，経路はいくらでも作ることができます．われわれは微妙な経路の差を区別したくありません．本質的に違う経路だけをピックアップしたいわけです．

そこで，「じわじわと変形させる」という考え方を導入します．たとえば，経路 t から経路 u へは「じわじわ変形させる」ことができます．図 8.2 は，じわじわ変形させる過程を示しています．ここでは，点線で表された中間的な経路がしっかり地面を通っていなければなりません．もし，これが地面でない場所を通過していたら，ルール違反であるということにします．また，じわじわと動かす際に，経路の始点と終点はつねに固定します．この場合，経路 t と u の間には地面しかないので，すべての点線の経路は地面をちゃんと通過します．これに対して，経路 u と v について考えてみます．この場合，u を「じわじわ」と変形させて v にすることができるでしょうか．直感的にこれは不可能です．なぜならば，池があるからです（始点または終点を動かすことができれば可能です）．点線の経路を構成する場合に，池を上を通すことはできません．このとき，ある点線の経路が池の左側で，そのすぐあとに変形した経路が池の右側に現れたとすると，これは変形が「じわじわ」としたものであるという仮定に反します．実は，「じわじわ」という言葉は，第 5 章で述べた「連続性」という言葉で置き換えなければなりません．

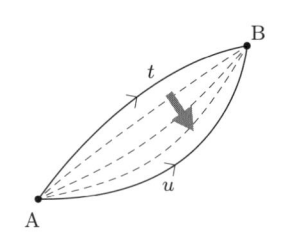

図 8.2　経路 t から経路 u へじわじわと変形する

図 8.1 ではもう一つの経路 s がありますが，この経路もじわじわと変形させて t にすることができません．それは家が建っているからです．結局，t と u は本質的には同じ経路であって，この図の中には本質的に三つの経路（$s, t,$ および v）が存在するといえます．

経路 t と経路 u のように，「じわじわと変形できる」二つの経路は**ホモトピック** (homotopic) であるといいます．つぎの節では，ホモトピックとはどういうことなの

かを数学的に定義します．

8.2 経路とホモトピーの定義

数学の多くの概念は，集合とその上の写像として定義されています．まず，経路を定義しましょう．ある位相空間 X の A から B への**経路** (path) とは，区間 $[0,1]$ から X への連続写像

$$p : [0,1] \to X \tag{8.1}$$

のことで，$p(0) = \mathrm{A}, p(1) = \mathrm{B}$ となるものです．ここで重要なのは，この写像 p が連続であることです．連続でない場合，「ワープ」が可能であることになります．ワープを許すといろいろな経路を定義できますが，それはわれわれの意図に反します．ここで考えているのは，曲線のパラメータ表示のようなものです．たとえば，平面上で $(1,0)$ から $(2,3)$ への直線状の経路は，

$$p : [0,1] \ni t \mapsto (1-t)(1,0) + t(2,3) \in \mathbb{R}^2 \tag{8.2}$$

と書くことができます．このように経路を定義すると，いろいろな経路を考えることができます．たとえば，

$$p(t) = \mathrm{A} \tag{8.3}$$

という経路を考えることができます．この経路は A から A への経路で，ずっと A にとどまる経路です．このようなものは経路に見えませんが，ここでは経路の仲間に入れます．

つぎに，ホモトピック性について定義します．

定義 8.1 点 A から B への二つの経路

$$p_1 : [0,1] \to X \tag{8.4}$$

と

$$p_2 : [0,1] \to X \tag{8.5}$$

が**ホモトピック** (homotopic) であるとは，ある連続関数

$$F : [0,1] \times [0,1] \to X \tag{8.6}$$

が存在して $F(t,0) = p_1(t), F(t,1) = p_2(t)$ となることである．

式 (8.6) の右側の $[0,1]$ を動くパラメータは，「じわじわ曲線を移動させる」ためのものです．ここでキーとなるのは，F が連続であるということです．この F のこと

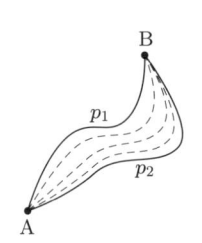

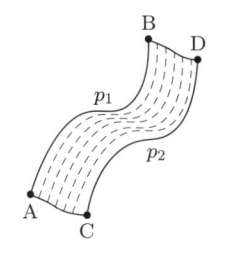

第 8 章　じわじわと動かす ——ホモトピー——

（a）始点と終点がそれぞれ一致する場合　　（b）始点と終点がそれぞれ一致しない場合

図 8.3　二つの経路がホモトピックであるということ

を p_1 と p_2 の間の**ホモトピー** (homotopy) とよびます.

図 8.3 に，ホモトピックな二つの経路 p_1, p_2 とそれらを結ぶホモトピーを示しています．図 8.3(a) は，始点と終点がそれぞれつねに A と B に存在するようなホモトピーを示しており，図 8.3(b) は，始点と終点が固定されないホモトピーを示しています．本書で扱うホモトピーは，始点と終点を固定したものです．

8.3　ホモトピーの性質

実は，ホモトピーによる関係は，経路どうしの同値関係となります．まず，同値関係について復習してみましょう．同値関係 ∼ はつぎの性質を満たす関係です．

1. $a \sim a$
2. $a \sim b$ ならば $b \sim a$
3. $a \sim b$ かつ $b \sim c$ ならば $a \sim c$

これらの性質がホモトピーについて成り立つかどうかを調べてみます．まず，経路 p と q がホモトピックであることは，関係となります．すなわち，ホモトピックであるかどうかを判定することができます．もちろん判定のアルゴリズムは，ここでは具体的に示されていません．もしホモトピックであれば，式 (8.6) のような関数を定義できます．ですから，ホモトピックであれば，ホモトピック性を示すことは可能であることになります．これに対して，ホモトピックでないということを示すアルゴリズムはここでは示されていません．何らかの方法で，ホモトピックであるための関数を作ることが不可能であることを示せばよいのですが，一般にいつでもそれを示す方法はありません．以上をまとめると，ホモトピックであるかどうかを判定する方法はわかりませんが，ホモトピックであるということは正確に定義されています．

さて，上記の性質がホモトピーについて成り立つことを順に示していきましょう．まず，最初の性質ですが，これは簡単です．経路 a に対応する写像を $p(t)$ とおき，

$$F(t,s) = p(t) \tag{8.7}$$

と定義すれば，s を変化させてもいつでも $F(t,s) = p(t)$ となります．この写像 F が連続であればよいのですが，これはほぼ明らかに連続です．また，2 番目の性質ですが，これもほぼ明らかです．$a \sim b$ であることから写像 $F(t,s)$ が定義されていて，$[0,1] \times [0,1]$ 上で連続で，a, b の経路を表す写像を p, q とおけば，$F(t,0) = p(t)$, $F(t,1) = q(t)$ となっています．このとき，

$$G(t,s) = F(t, 1-s) \tag{8.8}$$

と定義すれば，これより，$b \sim a$ が示されます．最後の性質については，$a \sim b, b \sim c$ という仮定から，それぞれ $F(t,s), G(t,s)$ が定義されて，$F(t,0) = p(t)$, $F(t,1) = q(t)$, $G(t,0) = q(t)$, $G(t,1) = r(t)$ となっているものがあります（ただし，r は経路 c に対応する写像とします）．これを用いて，

$$H(t,s) = \begin{cases} F(t, 2s) & (0 \leq s \leq 1/2) \\ G(t, 2s-1) & (1/2 \leq s \leq 1) \end{cases} \tag{8.9}$$

と定義すると，連続関数となり，$a \sim c$ が得られます．以上より，ホモトピーが同値関係であるということが示されました．

> **性質 8.1** 点 A から点 B への二つの経路 a, b がホモトピックであるとき，$a \sim b$ と定義すれば，$\sim$ は同値関係となる．

われわれがホモトピーを導入した理由は，「じわじわと変形して」得られるような経路は同じものとして考えたかったからです．そのため，つぎにやらなければならないことは，経路の集合をこの同値関係で割るということです．すなわち，経路全体という膨大な集合を，互いに同値関係の成り立つ経路どうしについては同一視することによって，考えるべき対象を飛躍的に少なくして本質的なものだけ列挙することをめざします．

8.4 経路の演算

第 7 章で見たように，群のような演算の形で物事を表現できれば，群のいろいろな性質や考え方を導入することが可能になります．ここでは経路を扱っているので，経路について演算を導入することを考えます．

まず，図 8.4 のようなある経路 x が存在するとします．x は A から B への経路であるとします．このとき，B から A へのまったく逆の経路を x^{-1} と書くことにしましょう．

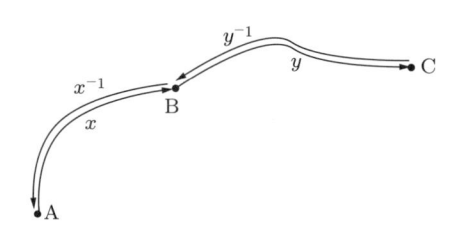

第8章 じわじわと動かす ——ホモトピー——

図8.4 経路の演算

　さらに，ある経路 x が A からスタートして B で終わり，別の経路 y が B からスタートして C で終わる場合，x と y を「つなぎ合わせた」経路として，$x \cdot y$ を二つの経路を x, y の順につないだ経路と定義することができます．このように定義すると経路の演算ができるのですが，問題は，それぞれの経路がどこからスタートしてどこで終わるのかによってつなぎ合わせることができる場合もあれば，そうでない場合もあるということです．すなわち，第7章で見たように一般的には，あらゆる要素について，いつでも演算ができるという保証はありません．たとえば，上記のケースの場合，$x \cdot y$ は定義されますが，$y \cdot x$ は一般には定義されません．ただし，下記のような性質は成り立ちます（図 8.4 参照）．

$$(x \cdot y)^{-1} = y^{-1} \cdot x^{-1} \tag{8.10}$$

　また，経路の演算は，x, y それぞれの経路を表現する関数を $p(t), q(t)$ とおけば，つなぎ合わせた経路を表す関数を

$$r(t) = \begin{cases} p(2t) & (1 \leq t \leq 1/2) \\ q(2t-1) & (1/2 \leq t \leq 1) \end{cases} \tag{8.11}$$

と書くことができます．さらに，経路 x^{-1} を表す関数は

$$r(t) = p(1-t) \tag{8.12}$$

と書くことができます．

　このような演算は経路のつなぎ合わせなので，任意の経路についてつなぎ合わせることができないと同時に，群における単位元の役割をするものも存在しません．ずっと1点 A にとどまる経路 e というものを考えることができますが，これを任意の点 A から B への経路 x とつなぎ合わせて $e \cdot x$ というものを作っても，これは x に等しくなりません．それは上で説明したように，「関数として等しくならない」からです．

　以上に説明したように，単純に経路をつなぎ合わせるという演算を用いて，経路の集合を群とすることはできません．次章で述べるように，経路によって群を構成するには，いくつかのアイデアが必要になります．しかし，群で成り立ってほしいような

つぎの性質は成り立ちます．
$$x \cdot (y \cdot z) = (x \cdot y) \cdot z \tag{8.13}$$
ただし，それぞれの経路について始点と終点がうまく一致して，演算が可能であるときに限ります．

群として経路を扱うためのアイデアは二つあります．これに関しては，つぎの章でくわしく述べますが，概略をここで述べておきます．

- いつでも演算ができるようにするため，単に経路というだけではなくて，ある基準の点から出発してその点へ戻ってくるような経路のみを考えます．
- 上記の経路のうち，ホモトピックなものは同じ経路であるとみなします．

以上の二つの操作を行うことによって，経路（もっと正確にいえば，経路の類）は，群として考えることができます．

演習問題 8

8.1 1点にとどまる経路とその1点からスタートする経路をつなぎ合わせたとき，できた経路は後者の1点からスタートする経路に一致しないということについて説明せよ．

8.2 図8.5に示されるような2回同じ点を通過するものが経路であることを説明せよ．特に，経路を関数 p で数学的に定義したとき，関数 p が連続性をもつかどうか調べよ．

8.3 図8.6の経路で互いにホモトピックである経路を列挙せよ．ただし，ここで考える経路は点AからBまでの経路に限ることとする．すなわち，始点と終点はAとBに固定されているとする．

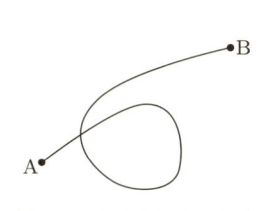

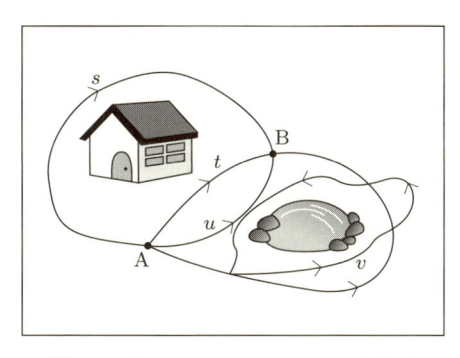

図 8.5 自己交差する経路　　　図 8.6 点AからBへのいろいろな経路

8.4 図8.6において，端点を固定しなければ，すべての経路は互いにホモトピックになる．このことについて説明せよ．

8.5 実数の閉区間 $[0,1]$ が連結であることを示せ（演習問題4.7参照）．

8.6 位相空間 X の任意の 2 点 x, y を結ぶ経路が存在するとき，X は**弧状連結** (path connected) であるという．X が弧状連結であれば，連結であることを示せ．

8.7 $[0,1]$ が弧状連結であることを示せ．

8.8 以下のように定義される曲線が，連結であるが弧状連結でないことを示せ．
$$V = \{(0,0)\} \cup \{(x, \sin(1/x)) \mid 0 < x \leq 1\}$$
この曲線は **位相幾何学者の正弦曲線** (topologist's sine curve) とよばれている．$y = \sin(1/x)$ のグラフの概形は図 8.7 のようになる．

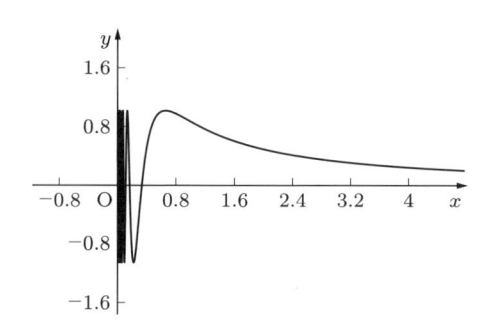

図 8.7　$y = \sin(1/x)$ $(x > 0)$ のグラフの概形

8.9 二つの図形 X, Y について連続写像 $f : X \to Y$ と $g : Y \to X$ が存在して，$f \circ g : Y \to Y$ と $g \circ f : X \to X$ がそれぞれ Y, X 上の恒等写像とホモトピックであるとき，f, g は**ホモトピー同値である** (homotopy equivalent) という．すなわち，ある写像 $F : Y \times [0,1] \to Y$ が存在して，$F(y, 0)$ が Y 上の恒等写像であり，$F(y, 1) = (f \circ g)(y)$ であり，かつ，ある写像 $G : X \times [0,1] \to X$ が存在して，$G(x, 0)$ が X 上の恒等写像であり，$G(x, 1) = (g \circ f)(x)$ となるとき，ホモトピー同値という．ただし，恒等写像とは，任意の要素 x について $h(x) = x$ となる写像 h のことである．つぎの問いに答えよ．

(1) 図形 X と Y が同相であれば，ホモトピー同値であることを説明せよ．
(2) ホモトピー同値性が同値関係であることを示せ．
(3) 円周と円柱面はホモトピー同値であることを示せ．

第9章 基本群の話

前章では，経路どうしのホモトピー（ホモトピック性）について定義しました．ここでは，このホモトピーという道具を使って，与えられた位相空間の性質を調べます．位相空間が与えられたとき，われわれは経路をすべて列挙するということはあまり意味がないと考え，ホモトピックである二つの経路は同じであると考えることにしました．こうすることによって，無駄な数え上げを行うことを避けることができます．しかし，実は，それでも一般的に経路は無限個存在します．さらに，本章で示すように，それらは群という構造をもちます．

9.1 敷地の基本群

前章で考えた図 8.1 の敷地の図形について，「基本群」という立場から眺めてみます．まだ基本群について何も定義していませんが，そのアイデアは前章の最後の部分で列挙しました．

まず，扱う経路はいつも演算できなくてはいけません．一般に，経路の演算は，最初の経路の終点とあとの経路の始点が同じ点でなければいけないので，いつも演算できるためには，始点と終点をある特定の点にすればよいわけです．そこで，図 9.1 のように，A という点をこの特定の点として，ここを出発してこの点へ戻る経路のみを考えます．ホモトピーを議論する場合にも，つねにこの点から始まりこの点で終わる経路のみを利用して，「じわじわ」と変形させることを考えます．すなわち，ホモトピーの裏付けとなる関数 $F(t,s)$ について，

$$F(0,s) = F(1,s) = A \tag{9.1}$$

が任意の $0 \leq s \leq 1$ について成立することが必要となります．始点と終点が一致している経路のことをループとよびます．

このようなループのみを考えると，いろいろよいことがあります．まず，始点と終点が一致しているので，二つのループをつなぎ合わせて，別のループを作った場合，このループも A から出発して A へ戻るループとなります．したがって，このようなループのみを考えて，その「つなぎ合わせ」を演算だと思うと，任意のループどうしで演算を行うことができます．さらに，この演算は A から A へ戻るループの集合の

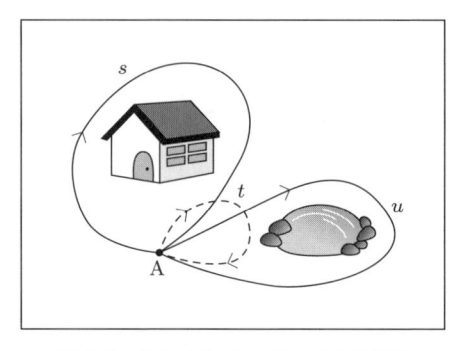

図 9.1 点 A から A へ戻ってくる経路

中で閉じています．

　ここで，このループ集合を群として考えた場合，群に必要な単位元はあるでしょうか．前章で見たように，単位元はありません．どのようなループでもつなぎ合わせてしまうと，A からスタートして A へ戻るという性質はあるものの，別のループになってしまいます．ループをつなぐときの定義は，前章の式 (8.11) であることを思い出しましょう．したがって，このままでは群になりません．

　ここで，前章の最後で述べた第 2 の工夫が必要となります．ホモトピーは同値関係ですので，この同値関係でループの集合を「割り」ます．割るという意味は商集合を作るということです．すなわち，ホモトピーという「友達関係」によって，友達どうしのグループを作り，それをまとめて一つの要素として同一視します．たとえば，図 9.2 の二つのループ s と t はホモトピックですから，同じグループに属します．同じグループに属するものはひっくるめて同じものであると考えます．さらに考えると，図 9.2 の二つのループ u, v はホモトピックです．v はたぐり寄せれば，u と同じになります．それに対して，s は家に引っかかるので，u に一致させることができません．

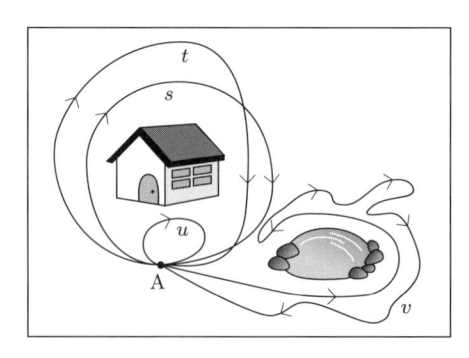

図 9.2 ホモトピックな二つのループ

始点と終点を A に固定して，じわじわと動かしたときに一致させることのできるループは皆同じグループに含まれるわけですから，図 9.2 の場合，直感的にいえば，すべてのループは家と池を何周かしたループであるといえます．どのように家と池を回るかによって分類されるはずです．

さて，ここで群としての性質を考える場合，必要なのが演算です．このようなホモトピックなループどうしの演算における単位元は存在するでしょうか．今度は存在します．上の例でいえば，家も池も回らないループ，すなわち，u にホモトピックなグループが単位元となります．それは，図 9.3 によって明らかです．

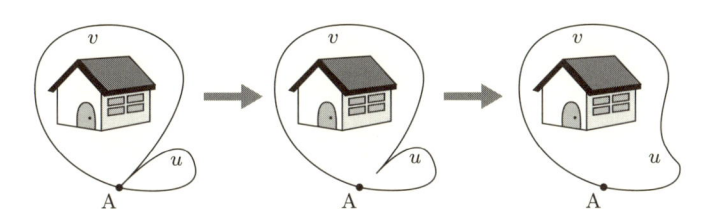

図 9.3 任意のループと単位元との演算

この場合，
$$v \cdot u \sim v \tag{9.2}$$
ということになり，ホモトピックなループを区別しないとすれば，
$$v \cdot u = v \tag{9.3}$$
と書くことができます．さらに，逆元が存在するかどうかについて考えてみましょう．これについては，図 9.4 を見れば一目瞭然です．この場合，
$$v \cdot v^{-1} = u \tag{9.4}$$
と書くことができます．すなわち，あるループがあったら，それを逆回しにするようなループと演算すれば，もとに戻ります．

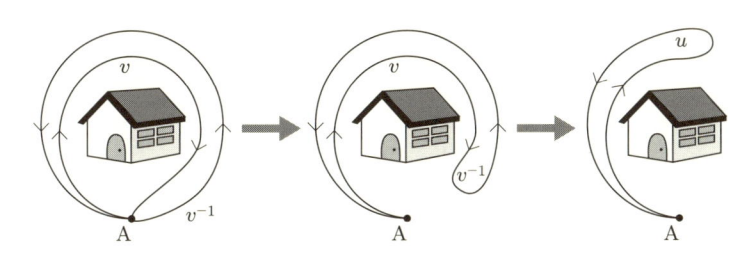

図 9.4 あるループとその逆元との演算

以上に述べたように，1点Aからスタートして同じ点で終わるようなループのみを考えて，さらにホモトピックなループどうしは同じものであると考えると，群になります．X をこの敷地として，このような群を $\pi_1(X; A)$ と書いて，X の A を基点とする**基本群** (fundamental group) とよびます．

9.2 敷地の基本群を形式的に記述する

さて，ここでは，前節で説明した敷地の基本群を記号で書くことを考えてみましょう．群は第7章で見たように，数でないものを数のように扱えるところにうまみがあります．記号や式として書き下せると，それを単純な記号として理解することによって，本質的な構造を解析することができます．

まず家も池も回らない単位元のループを e と書きましょう．また，家を右回りに1周するループを h と書き，池を右回りに1周するループを p と書きましょう．左回りに1周するループは，それぞれ h^{-1}, p^{-1} と書くことができます．さらに，家を2周するループは $h \cdot h = h^2$ と書くことができます．また，池を3周すると，家を1周したことになるというような性質は考えられないので，結局，どの順番に家と池を回るかが問題となります．したがって，この基本群の任意の要素は，

$$\tau_1 \cdot \tau_2 \cdots \tau_n \tag{9.5}$$

と表現することができます．ただし，τ_i は h, h^{-1}, p, p^{-1} のいずれかとし，n は0以上の整数とします（$n = 0$ の場合には e とします）．このような要素で生成される群は，h と p から生成される自由群なので，

$$\pi_1(X; A) = \langle h, p \rangle \tag{9.6}$$

と書くことができます．この群について注意すべきことは，交換則が成り立たないことです．すなわち，順番が意味をもちます．池を1周してから家を1周するのと家を1周してから池を1周するのは同じではありません．もし，これが同じであれば，$(p \cdot h) \cdot (h \cdot p)^{-1} = e$ とならなければなりませんが，

$$(p \cdot h) \cdot (h \cdot p)^{-1} = p \cdot h \cdot p^{-1} \cdot h^{-1} \neq e \tag{9.7}$$

となります．

与えられた図形の基本群を調べることによって，その図形の位相的な性質を知ることができ，さらに，図形を分類することができます．しかし，ここで一つ疑問が生じます．ここでは，基本群は基点を A に固定しました．A の位置を変えることによって，基本群は変わるのでしょうか．このことについて次節で説明します．

9.3 基本群は基点の位置によって変わらない

前節まで，基点を A に指定して基本群 $\pi_1(X; A)$ を調べましたが，弧状連結な図形であれば，直感的に，A を変えても基本群は変わりそうにありません．それはなぜでしょうか．基点を A から B に変更したとします．すると，A を基点とするループ x は，B から A までの経路を l として，

$$l \cdot x \cdot l^{-1} \tag{9.8}$$

のように B を基点とするループに変形することができます（図 9.5 参照）．このように変更した場合，二つのループ x と y の演算は

$$l \cdot x \cdot l^{-1} \cdot l \cdot y \cdot l^{-1} = l \cdot x \cdot (l^{-1} \cdot l) \cdot y \cdot l^{-1} = l \cdot x \cdot y \cdot l^{-1} \tag{9.9}$$

となり，結局 $x \cdot y$ を変形したものと等しくなります．すなわち，A を基点としたときの基本群 $\pi_1(X; A)$ と B を基点としたときの基本群 $\pi_1(X; B)$ は，見かけ上違っていても同じ構造をもつことになります．ただし，注意してほしいのは，このようなことができるのは，A から B へ経路が存在する場合だけです．たいていは存在するように思えますが，そもそも，図形が弧状連結でない場合には，このような l をとることができないので，この議論は成り立ちません．対象とする図形 X が連結である場合（本書で扱う図形についてはたいていはそうなっています），基点に依存しないので，その基本群を単に $\pi_1(X)$ と書くことにします．

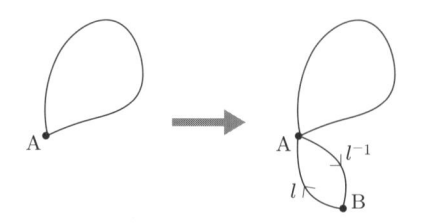

図 9.5 基点を A から B へ変更する

9.4 トーラスの基本群

ここで，トーラス，すなわちドーナツ型の面の基本群を考えてみましょう．トーラスは，図形としては穴のあいたものですが，ここでは，以前説明した展開図で考えます．そのほうがずっと考えやすくなるからです．トーラス上でループはどのようになっているでしょうか．

図 9.6 に，トーラス上の異なるタイプのループを示します．この展開図の端が接着

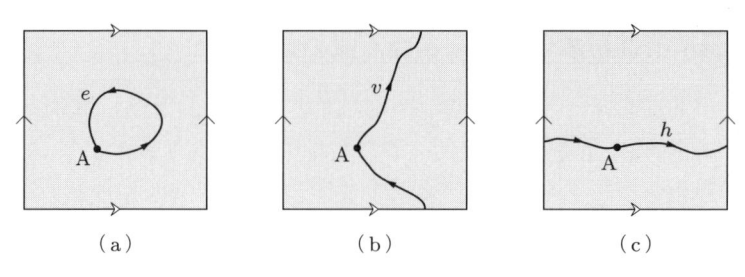

図 9.6　トーラス上の 3 種類のループ

されていることをくれぐれも忘れないでください．この図の中で，(a) のループは点 A の付近で回るループです．これはいくらでも点 A のまわりに小さくすることができます．これに対して，図 (b) のループを見てください．これは上下の辺を通過するようなループです．このループは組み立てたトーラスでいえば，ドーナツの輪のまわりを回るループとなります．このようなループをうまく変形させて図 (a) のようなループにすることはできません．これは本当は厳密な証明が必要ですが，ここでは，省略することにします．

同様にして，図 9.6(c) のようなループがあります．これはもう一つの方向に回るループです．このループは図 (b) の縦に回るものとは本質的に異なります．以上のように，本質的に異なる 3 種類のループが存在します（図 9.7 参照）．これは，この章の最初に見た敷地の例と同じように思えます．すなわち，池のまわりを回るループと家のまわりを回るループの 2 種類，さらにその場で 1 周するループがあります．この 3 種類と同じように思えてきます．すなわち，トーラスの基本群も $\langle a, b \rangle$ のような自由群ではないかと思えてきます．

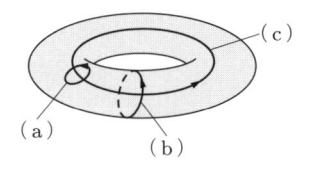

図 9.7　図 9.6 の (a) (b) (c) の経路を立体的に見たところ

ところが，そうではありません．図 9.6(b) に対応するループを v とし，図 (c) の横のループを h としましょう．さらに，その場で回るループを e としましょう．このとき，$v \cdot h \cdot v^{-1} \cdot h^{-1}$ を考えてみましょう．これは，図 9.8(a) のようなものです．これを点 A を固定してホモトピックに変形してみましょう．つねにループは A を通過しなければなりません．ループを徐々に寄せていって，右下と左下から抜くと，図 (b)

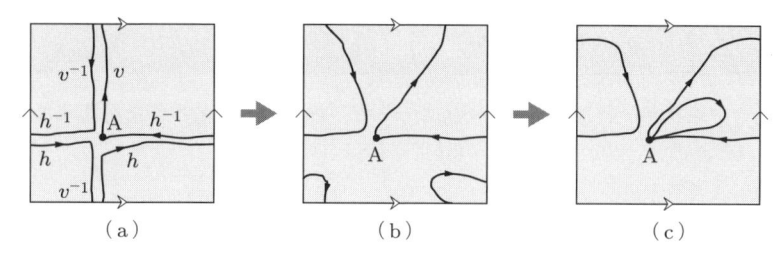

図 9.8　$v \cdot h \cdot v^{-1} \cdot h^{-1}$ の計算

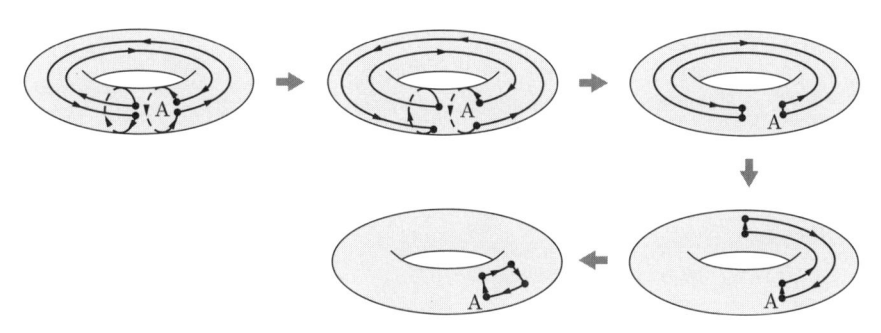

図 9.9　トーラス上に図 9.8 の変形を描いたところ

になります．さらに，左側に残った部分を徐々に左側に寄せていくと右側から抜けてきて，図 (c) の中のループになります．トーラス上でこのホモトピックな変形を描けば，図 9.9 のようになります．これは e に等しくなります．すなわち，

$$v \cdot h \cdot v^{-1} \cdot h^{-1} = e \tag{9.10}$$

という式が成り立ちます．これより，$(v \cdot h) \cdot (h \cdot v)^{-1} = e$ という式になり，結局

$$v \cdot h = h \cdot v \tag{9.11}$$

ということになります．これは重要な関係式です．h と v は交換するという性質があるので，基本群は可換群になります．この性質は前述の敷地の基本群にはない性質です．この性質から，この群の要素は h と v がそれぞれ何個存在するかという個数の問題になります（もちろん個数はマイナスの数も許します）．これより，

$$\pi_1(X;A) = \langle h, v \mid hv(vh)^{-1} \rangle = \{h^i v^j \mid i, j \in \mathbb{Z}\} \cong \mathbb{Z}^2 \tag{9.12}$$

と導かれます．ただし，$\mathbb{Z}$ は整数の集合です．これは整数を二つペアにした座標のようなものです．何回縦に回って何回横に回ったか，回数だけが問題になるということです．この場合，どの順に回ったかはどうでもよいというのがここでの結論です．

演習問題 9

9.1 敷地の中に家が一軒だけあるケースについて，その敷地の基本群を計算せよ．この群はわれわれの知っているどのような群と同型か．

9.2 球面の基本群を計算せよ．

9.3 円柱の基本群を計算せよ．

9.4 家のまわりを右に 2 周するようなループの逆元が家のまわりを左に 2 周するものであることを，図を描いて説明せよ．

9.5 メビウスの輪の基本群を求めよ．

9.6 トーラスの基本群が $\mathbb{Z}^2$ に同型であることを，適当な図を用いて説明せよ．

第10章 いろいろな図形の基本群

ここでは，いろいろな図形の基本群について眺めてみます．実は，基本群を求めるというのは，一般的には一筋縄ではいかない問題です．求められるものは求められますが，あまりきれいに求められないものもあります．

10.1 射影平面の基本群を計算してみる

射影平面とは何かについて，第6章で説明しました．射影平面は図6.9に示されているように，相対する辺をねじってつなげた面です．球面と同様に端というものが存在しません．このような図形を実際に画用紙などで実現することもできません．実際に3次元空間中に実現することもできませんが，端をつなぎ方をたとえばコンピュータの画面中でシミュレートすることは可能ですし，この平面やそれを3次元に拡張した射影空間は，コンピュータグラフィックスなどで頻繁に利用されています．

同じ端のない球面について考えてみると，その上でどのようなループを作っても引っかかるものがないので，すべてスルリと抜けて単純なループと同じになってしまいます．一方，射影平面の場合には，ちょっと事情が異なります．まず，射影平面上でループを作った場合，単純なループとしては図10.1に示す三つのものが考えられます．これはトーラスの場合と同様です．この図のうち (b) と (c) のループは，実はホモトピックです．これは，図 (b) の貼り合わせの部分とループの交差点を徐々にずらしていけば，図 (c) にもっていくことができるということです．しかし，これらのループを図 (a) のような単純ループにすることはできません．

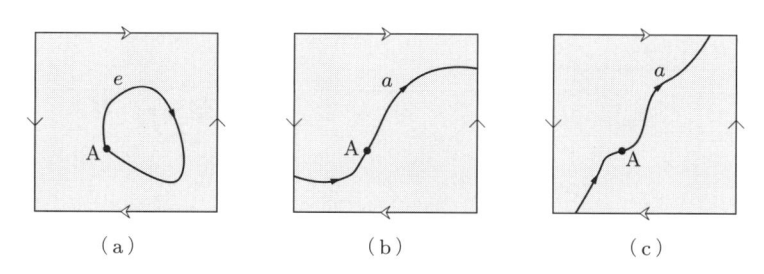

図 10.1 射影平面上で点 A を基点とするループ

したがって，単純ループを e, 真ん中の図 10.1(b) のループを a という記号で表すことにしましょう．このとき，$a^2 = a \cdot a$ を計算してみましょう．以前の図 8.1 の敷地の例では，池のまわりを 2 周するということは，単に「2 周する」ということでしかありませんでした．この場合はどうでしょうか．実はこの場合には，点 A の近くで回った単純ループに一致してしまいます．図 10.2 を見てください．この場合，貼り合わせのところまで行くループを二つ作って，それらをつなぎ合わせます．すなわち，点 A の部分でループ切断して，組み替えて接合させます（これはループの演算の定義に素直に従った結果です）．このあと，右下の部分をどんどんずらしていきます．この場合，X, Y はそれぞれ同一点であるということに注意してください．ループの右下部分の X, Y が近づくようにずらしていくと，左上の X, Y も近づいていきます．完全に近づいたところで右下に出ている部分を消失させることができます．さらに左上の部分を小さくして貼り合わせの部分から引っ張り出すと，点 A の近くを回るループ e に等しくなります．以上より，

$$a \cdot a = e \tag{10.1}$$

という式が成り立つことがわかりました．

この式からすぐにわかることは，

$$a = a^{-1} \tag{10.2}$$

です．すなわち，a の方向を変えてもホモトピックになるということです．この事実はよく考えると当たり前です．a と貼り合わせの部分の交差点を 180 度ゆっくりとず

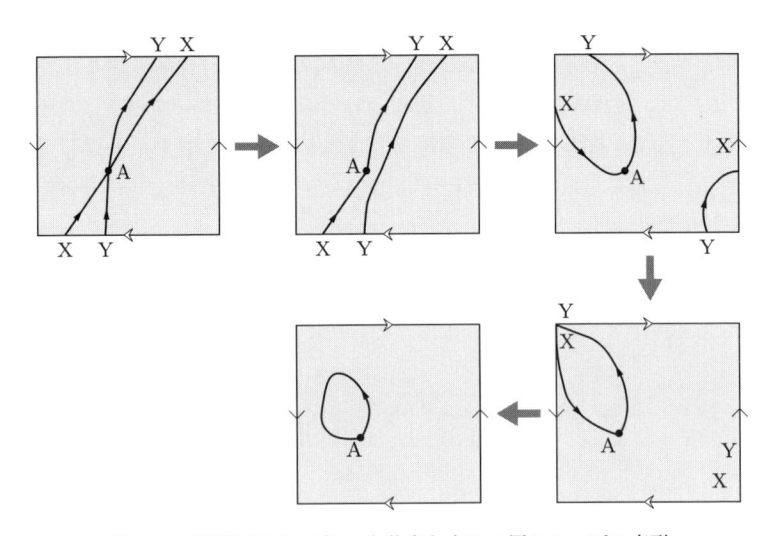

図 10.2 射影平面上で点 A を基点とする 2 周のループの変形

らしていけば，方向の逆になったループを作り出すことができます．点 A を通過するという性質を保存しつつ，じわじわと変形しているので，これはホモトピックです．

結局，射影平面の基本群 G は，$G = \langle a | a^2 \rangle = \{e, a\}$ という二つの要素で構成される群になります．a を何重に重ねても，結局，偶数回の周回は回さないのと同じということになります．すなわち，この面の上では

$$a^{2n+1} = a \tag{10.3}$$

という公式が成り立つことになります．

10.2 クラインの壺の基本群

つぎに，多少複雑な例として，クラインの壺の基本群を計算してみましょう．もちろんクラインの壺も 3 次元空間では実現することができませんが，展開図として表現することができます．前述の射影平面と同様に，この図形の基本群について考えてみます．

クラインの壺は図 10.3(a) の展開図によって示される閉曲面です．この図形については，自明でないループとしてつぎの 2 種類が考えられます．一つは点 A から出発して上の辺まで到達して，逆向きに貼り合わされている下の辺から出て点 A に戻るループ，もう一つは点 A から出発して右側の辺に至って，そこからそのまま左側に出

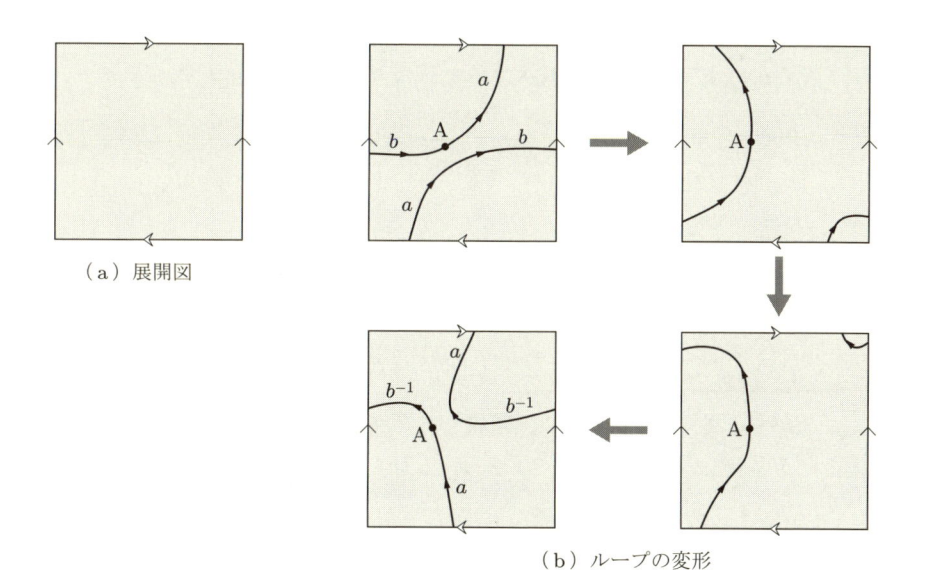

（a）展開図

（b）ループの変形

図 10.3　クラインの壺とその上のループの変形

てくるループです．これらのループはともに，1点に集約することのできないループで，基本群の生成元になるループです．これらのループをそれぞれ a, b とおきます．このとき，a と b の関係について調べてみます．ループどうしの関係を調べるには，a, b のつなぎ合わせ ab を作って，それらをホモトピックに変形してみればよいでしょう．図 10.3(b) に示すように，ab を変形していくと，ホモトピックに $b^{-1}a$ に変形できます．すなわち，

$$ab = b^{-1}a \tag{10.4}$$

という性質が出てきます．これを変形すれば，

$$baba^{-1} = e \tag{10.5}$$

と書くこともできます．これより，この図形の基本群は，

$$G = \langle a, b \mid baba^{-1} \rangle \tag{10.6}$$

と書くことができます．この群について，多少代数的に解析してみます．このままでは，この群がどのような構造をしているかがはっきりとわかりません．ab が出現したら，$b^{-1}a$ と書き換えられるということはわかるのですが，それ以上何も見えてきません．

そこで，$c = ab$ とおいてみます．このようにおくと，$b = a^{-1}c$ と書くことができ，いつでも $c \leftrightarrow b$ の入れ替えができるので，a と c をこの群の生成元としても問題がありません．これは基底変換のようなものです．このとき，a と c の関係について見てみます．式 (10.4) に $b = a^{-1}c$ を代入すると，つぎのようになります．

$$a(a^{-1}c) = (a^{-1}c)^{-1}a \tag{10.7}$$

$$c = c^{-1}aa \tag{10.8}$$

$$c^2 = a^2 \tag{10.9}$$

これより，$c = ab$ を 2 回行った場合には，a を 2 回行ったものに置き換えることが可能であることがわかります．したがって，

$$G = \langle a, c \mid a^2 c^{-2} \rangle \tag{10.10}$$

と書くことができます．c が 2 個以上連続して存在したら，c の偶数個分だけは a に置き換えてかまわないということですから，これより，この群の要素の一般形は

$$c^k a^{m_1} c a^{m_2} \cdots c a^{m_n} c^l \tag{10.11}$$

という形に書けることがわかります．ただし，$k = 0, 1$，$l = 0, 1$ とし，m_i は任意の整数とします．

10.3　3次元空間の中の結び目の基本群

もう一つの基本群の例について見てみます．これまでは面上の基本群について考えてきましたが，ここでは 3 次元空間中の基本群について考えます．ただし，単純な 3 次元ユークリッド空間の基本群は自明です．ここではある特殊な図形を除いて残った部分の基本群について考えます．考えるのは，「結び目 (knot)」とか「絡み目 (link)」とよばれている図形です．

これらの図形は，ひも状の 1 次元の図形をループ状にしたものや，ループ状になったものが複数絡んだものです．ループ状になった 1 次元のひも状の図形はループですから，その図形自体は円周と同相であり，位相的な性質の議論はこれでついてしまいます．しかし，たとえば，図 10.4 に示されるような図形の場合，明らかに単純な円周とは違う状況を呈しているといえます．それでは何が違うのでしょうか．この問題に対して位相幾何学では，このループ状の図形そのものの位相を考えるのではなくて，空間全体から，この図形を取り除いた部分の構造に着目するという解決法をとります（ほかにも考え方はあるのかもしれませんが）．

図 10.4　結び目の例（三葉結び目（trefoil knot））

すなわち，このような結び目を考える場合，この結び目自体ではなく，3 次元空間 $\mathbb{R}^3$ からこのループ K を取り除いた部分，$\mathbb{R}^3 \setminus K$ を考えることにします．この図形の性質を求めて，それをこのループの性質とするわけです．具体的には，$\mathbb{R}^3 \setminus K$ の基本群を計算し，これをこの結び目 K の基本群と定義します．この基本群のことを**結び目群** (knot group) とよびます．

図 10.4 のループについては，演習問題でその基本群を計算するので，ここではその他の例ということで，図 10.5 のような図形（これは二つ以上のループから構成されているので**絡み目** (link) とよばれています）について考えてみます．

空間全体からこの図形を取り除いた図形の基本群を考えるので，この絡み目の部分は通過できないと仮定した場合の基本群を考えます．適当な位置を基点として，そこからのループを考えます．

3 次元的な位置関係を平面に書き下して考えることはやりづらく，ある程度形式化

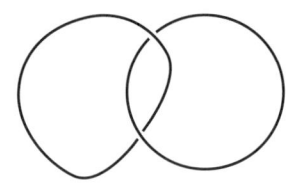

figure 10.5 ここで基本群を考える絡み目（ホップの絡み目）

して考える方法はありますが，ここでは，そのまま単純にループを変形することによって，欲しい性質を導くことにします．実は，結び目や絡み目の基本群は，ある方法を用いれば，機械的に求めることができます．

ここで考える絡み目は二つの部分からなっています．それぞれはループで，このループの部分が取り除かれている空間の基本群を求めればよいので，基点 A を出発してそれぞれのループの輪をぐるぐると回って A に戻ってくる経路を考えればよいことになります．基点 A から左側のループを 1 周する経路を a と書くことにします．また，右のループを 1 周する経路を b としましょう．ただし，それぞれのループ a, b には方向があって，これらのループを絡み目に対して右ねじの方向に回すときを正の方向と考えます．このとき，ループは一般に，a と b をいくつか順番に並べたものであるといえます（図 10.6 参照）．このとき，a と b の関係を調べます．直感的に a と b は別のものであると認めることにしましょう．a を何回行っても b になることはありません．ここで，ループ

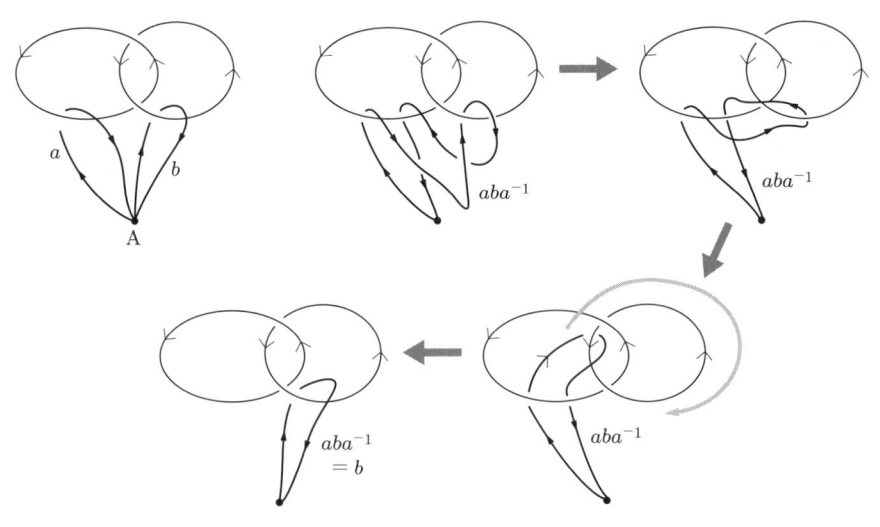

図 10.6 絡み目にからむループの変形

$$p = aba^{-1} \tag{10.12}$$

を考えてみましょう．このループは定義どおり描けば，図 10.6 の上段の真ん中の図のようになります．このループをホモトピックに変形していくと，上段右，下段右のようになります．ここで，下段右のようになったループは，さらにぐるっと絡み目の片方を回すことによって，b そのものになります．この変形がホモトピックに行えたことから，

$$aba^{-1} = b \tag{10.13}$$

という等式が得られます．両辺に右から a を掛けることによって，

$$ab = ba \tag{10.14}$$

が成り立つことになります．すなわち，基本群では a と b の間に交換則が成り立つことになり，一般の経路について，

$$a^{n_1}b^{m_1}a^{n_2}b^{m_2}\cdots a^{n_k}b^{m_k} = a^{n_1+n_2+\cdots n_k}b^{m_1+m_2+\cdots m_k} \tag{10.15}$$
(n_i, m_j は整数)

が成り立ちます．すなわち，一般の経路については，a が何回，b が何回行われるかということが本質的であることがわかります．これはトーラスの基本群の場合と同様です．以上の考察から，求める基本群の要素は (n,m) (n, m は整数) と表現できることがわかり，基本群は $\mathbb{Z}^2$ に同型であることがわかります．

○○○ 演習問題 10 ○○○

10.1 図 10.4 に示される結び目の基本群を求めよ．［ヒント：図上で連結な三つの部分をそれぞれ定められた方向に回ったときの経路を a, b, c とおくとき，それぞれの要素がどのような関係になるのか考えてみよ．］

10.2 本章で解説した絡み目について，$aba^{-1}b^{-1}$ を図示し，それが単位的ループ e (すなわち，何にも絡まないループ) にホモトピックに変形できることを示せ．

10.3 トーラスに円形の穴をあけた図形 (図 10.7) の基本群を求めよ．

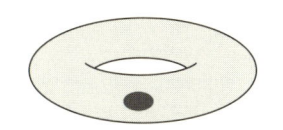

図 10.7 穴のあいたトーラス

第11章 単体と複体の話

いままで「経路」という考え方に基づいて議論を進めてきました．この考え方は非常に強力ではあるのですが，基本群を計算する場合，いつも自動的に基本群が計算できるわけではありませんでした．ここでは，もう一つの考え方である「ホモロジー」の理論を展開するために，図形をもっと単純化したものの組み合わせとして表現することを考えます．この単純化したものが「単体（simplex）」です．

11.1 単体とは何か

本章では，単体とそれを組み合わせた複体について学びます．まずは，単体です．ここでは n 次元ユークリッド空間を考えます．n 次元ユークリッド空間中の m 個の点 $a_1, a_2, \ldots, a_m$ が与えられているとします．ただし，$m \leq n+1$ とします．これらの点を適当に「ブレンド」した点 x を考えます．ただし，「ブレンドする」というのは，つぎのような意味です．

$$x = \sum_{i=1}^{m} \lambda_i a_i, \quad \sum_{i=1}^{m} \lambda_i = 1 \tag{11.1}$$

すなわち，与えられたそれぞれの点をある比重で足し合わせることです．まず，$m=1$ の場合，足し合わせる比重 $\lambda_1 = 1$ ですから，x はつねにこの点そのものになります．これに対して，2点が与えられているとしましょう．この場合，

$$x = \lambda_1 a_1 + \lambda_2 a_2, \quad \lambda_1 + \lambda_2 = 1 \tag{11.2}$$

と書くことができます．$\lambda_1 = 1, \lambda_2 = 0$ の場合，$x = a_1$ となり，$\lambda_1 = 0, \lambda_2 = 1$ の場合，$x = a_2$ となるので，それぞれの点を含みます．λ_i は負になることもあるので，結果として，x は，a_1 と a_2 を結んだ直線上の点となります．この現象はほぼ自明です．

ここで，λ_i の条件として，

$$\lambda_i \geq 0 \quad (i = 1, \ldots, m) \tag{11.3}$$

を与えたらどうなるでしょうか．この場合，足し合わせはすべて正の数を係数として行われるので，引かれることがありません．m 個の点のそれぞれを x はとりえますが，それぞれの点をとることが一つの限界となります．二つの点が与えられたケースについて見てみましょう．

$$x = \lambda_1 a_1 + \lambda_2 a_2, \quad \lambda_1 + \lambda_2 = 1, \quad \lambda_1, \lambda_2 \geq 0 \tag{11.4}$$

となります．これを書き換えれば，

$$x = \lambda a_1 + (1-\lambda)a_2, \ 0 \leq \lambda \leq 1 \tag{11.5}$$

と表現でき，x は a_1 と a_2 を結んだ線分の上にあることがわかります．x としてとりうる値をすべて集めたものが単体です．ですから，この場合，線分は単体ということになります．一般に，**単体** (simplex) は，以下のように定義されます．

> **定義 11.1** n 次元ユークリッド空間中の $m-1$ 次元単体は，
> $$S_m = \left\{ x \in \mathbb{R}^n \ \middle| \ x = \sum_{i=1}^m \lambda_i a_i, \ \sum_{i=1}^m \lambda_i = 1, \ \lambda_i \geq 0 \ \ (i=1,\ldots,m) \right\} \tag{11.6}$$
> と表される集合のことである．この単体のことを $|a_1 a_2 \cdots a_m|$ と書く．また，点 $a_1, a_2, \ldots, a_m$ から単体を得る操作とその結果を**凸結合** (convex combination) とよぶ．

考える空間の次元と，m の個数によって，単体は大きく変わります．3次元ユークリッド空間で考えると，$m=1$ の場合，単体は1点です．また，$m=2$ の場合，単体は線分となります．さらに $m=3$ の場合，単体は三角形となります．また，$m=4$ の場合，単体は四面体の内部となります（図 11.1 参照）．m 個の点から作られる単体のことを $m-1$ 次元単体とよびます．

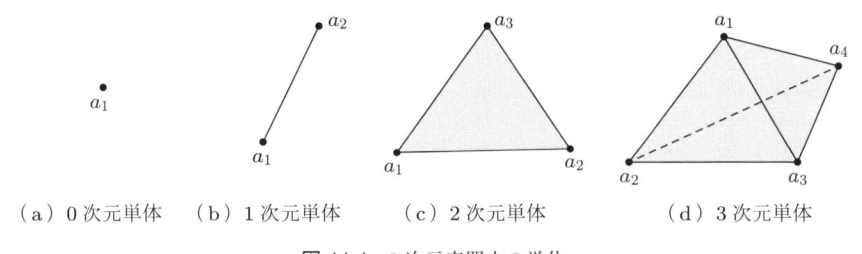

（a）0次元単体　（b）1次元単体　（c）2次元単体　（d）3次元単体

図 11.1　3次元空間中の単体

単体は一つひとつの積み木のようなもので，これを組み合わせて大きな図形を作ることができます．積み木をいくつか使ってできたものを複体とよびます．これ以降の節で複体について説明しますが，その前に，「単体の面」という概念を定義します．

11.2 単体の面

面とは「端」のことです．2次元の単体は三角形ですが，これは前節の定義から明らかなように，三角形の内部の点集合です．決して三角形の輪郭ではありません．図形を考える場合，その内部を考えると同時に，その輪郭を考える必要があります．われわれは，すでにこのような考え方を知っています．たとえば，三角形でいえば，三角形の「辺」や「頂点」はこの三角形そのものではないのですが，これらは三角形を分析するうえで非常に重要な概念となります．そのために単体の面を定義します．

> **定義 11.2** ある単体 $|a_1 a_2 \cdots a_m|$ の面 (face) とは，$a_1, a_2, \ldots, a_m$ のうち，1個以上の点を除外した点 $a_{j_1}, a_{j_2}, \ldots, a_{j_s}$ $(s < m)$ によって作られる単体 $|a_{j_1} \cdots a_{j_s}|$ のことである．

2次元の単体，すなわち三角形で考えてみましょう．単体 $|a_1 a_2 a_3|$ の面としては $|a_1 a_2|, |a_1 a_3|, |a_2 a_3|$ が挙げられます．通常，われわれはこれらを「辺」とよびます．また，$|a_1|, |a_2|, |a_3|$ も面になります．これらをわれわれは普段「頂点」とよびます．

単体の面は組み合わせを計算することによって，一般的に構成できます．次元が大きくなって直感が働かなくなっても，記号として書き下すことは可能です．とはいえ，これから扱う単体や複体は，高々3次元程度のものです．したがって，面についても，われわれの常識を逸脱するものではありません．

11.3 単体を組み合わせて複体を作る

さて，単体を組み合わせて，もっと複雑なものを作ってみましょう．ただし，積み木を積むようにして単体を単純に組み合わせただけでは，いろいろなものができてしまい，解析を煩雑なものにしてしまいます．たとえば，図 11.2 に示すように，二つ

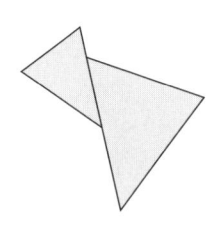

図 11.2 二つの単体を組み合わせたもの

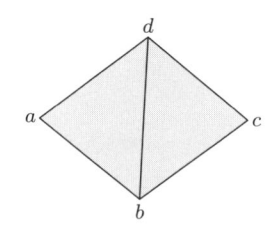

図 11.3 二つの単体を組み合わせたもの（辺をそろえたもの）

の三角形を組み合わせたものを考えます．この場合，三角形の頂点が一致していません．重なりはなく，単に三角形が二つあるというだけですが，輪郭は複雑な六角形になっています．ここでわれわれが想定しているのは，「単体が『きちんと』接続されている」ということです．そのためには辺（面）がそろっていなくてはなりません．そのため，単体の集合として定義される複体に二つの条件を課します．

> **定義 11.3** **複体** (complex) K とは単体の集合であり，つぎの条件を満たすものである．
>
> 1. 任意の $s \in K$ について，s の任意の面 t は K の要素である．
> 2. $s, t \in K$ について，$s \cap t$ は s と t の共通の面であるか，空集合である．

最初の条件は，この集合に含まれる任意の単体の面（これも単体です）はやはりこの集合に含まれるということです．また，つぎの条件は，単体と単体の貼り合わせの問題です．二つの単体がある場合，それは接していない（すなわち，二つの単体に共通の領域がない）か，それとも共通の領域があるのならば，それが単体になっているというものです．

ここで，二つの三角形が貼り合わされている複体を考えた場合，図 11.2 のようになっていたとすると，二つの三角形の共通部分は線分にはなりますが，それは，どちらの三角形を構成する辺にもなりません．したがって，これは複体の 2 番目の条件を満たしません．これは複体ではありません．

これに対して，辺をそろえて貼り合わされている図 11.3 のようなものは，複体として表現できます．この場合，

$$K = \{|a|, |b|, |c|, |d|, |ab|, |bc|, |cd|, |da|, |db|, |abd|, |bcd|\} \tag{11.7}$$

と書くことができます．

辺がそろっていたとしても，図 11.4(a) のようなものは複体とはいえません．なぜならば，貼り合わせを考えると，二つの三角形の共通部分として三つの辺が出てきてしまいます．これは複体の定義に反するからです．また，図 (b) のように四つの三角形で構成されるものも，複体と考えることができません．なぜならば，相対する二つの三角形の共通部分をとったとき，1 辺と 1 点が出てきてしまい，複体の定義に反するためです．また，図 (c) についても単体分割とはいえないのに対して，図 (d) は単体分割といえます．

図形を適当な単体を組み合わせて複体として表現することを，その図形の**単体分割** (simplicial subdivision) といいます．図形を扱う場合，基本群のようにそのままの図

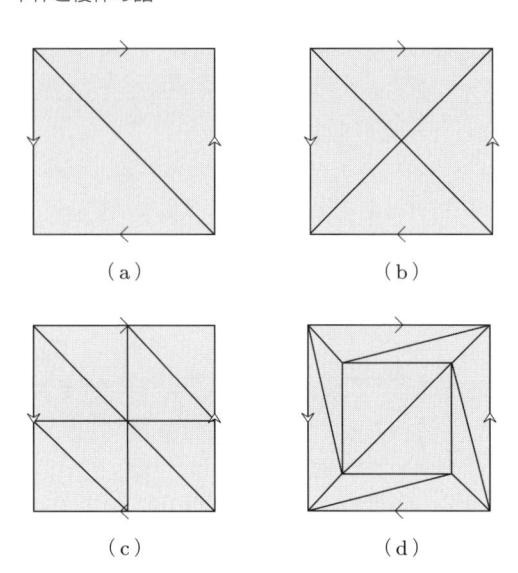

図 11.4 射影平面の表現として二つの三角形から構成されるもの (a) と，四つの三角形から構成されるもの (b)．ともに複体とはならない．さらに (c) の分割も単体分割ではない．(d) の図のみが単体分割となる．

形を使うことも考えられますが，これ以降述べる手法では，図形を複体に置き換えて解析します．複体として表現することによって，より代数的な手法を用いることが可能になります．

11.4 単体分割を用いて同型性を示す

図形を単体分割することによって，二つの図形の位相同型性を示すことが可能な場合があります．たとえば，三角形と四角形は位相同型であると直感的にはわかりますが，本当に位相同型であるということを示すためには，三角形上の点から四角形上の点へ 1 対 1 の双連続写像が存在することを示さなければなりません．このような写像をうまく作るには，「うまく」単体分割すればよいのです．

図 11.5 において，二つの図形の対応する点で構成される三角形内部点の写像を考えます．この場合，三角形から四角形への双連続な 1 対 1 写像があればよいわけで，それは比較的簡単に構成することができます．図 11.5(a) の三角形 ABD は図 (b) の三角形 ABD へ双連続に写像し，三角形 BCD は図 (b) の三角形 BCD へ双連続に写像すれば，これら二つの写像を合わせて図 (a) の三角形全体は図 (b) の四角形全体へ双連続に写像することができます．11.1 節で述べたように，2 次元の単体である三角形は，三つの点の凸結合によって表現できます．この場合，三つの点を A, B, C とお

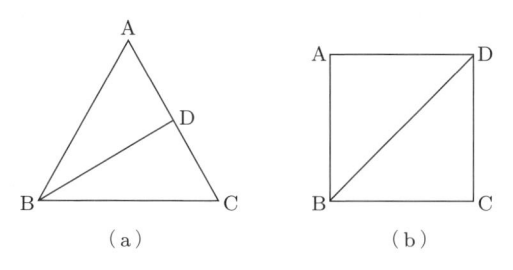

図 11.5 三角形と四角形の位相同型性を示す

けば，三角形内部の点 p は

$$p = \lambda \mathrm{A} + \gamma \mathrm{B} + \delta \mathrm{C} \tag{11.8}$$

と書くことができます．ただし，λ, γ, δ はすべて非負の実数であり，$\lambda + \gamma + \delta = 1$ となります．実は，点 p の凸結合による表現方法は一意的です．さらに，

$$f : p \mapsto (\lambda, \gamma) \tag{11.9}$$

という写像を考えると，これは明らかに双連続となります．なぜならば，λ と γ が領域 $R = \{(x, y) \in \mathbb{R}^2 \mid x, y \geq 0, \ x + y \leq 1\}$ 内部で自由にとれることから，f が三角形からこの領域への双連続写像であることがわかるからです．したがって，ある三角形 X から別の三角形 Y への双連続な 1 対 1 の写像は，X から R への双連続写像と R から Y への双連続写像の合成によって実現させることができます．

以上の議論より，三角形から三角形への対応については自由に 1 対 1 対応させることが可能なわけで，対応する点から作られる三角形が対応して，点，三角形が 1 対 1 に対応すれば，二つの図形は位相同型であるということがわかります．

11.5 単体に向きをつける

11.1 節では，単体を，いくつかの点から凸結合によって作られる集合として定義しました．しかし，これだけでは，これからの議論については不十分です．ここでは単体を拡張することにより，これから定義する境界演算子について有効な性質を得られるようにします．

たとえば，線分について方向をつけるということは自然なことです．ベクトルには方向がついています．ここでは，線分（1 次元の単体）を含めてすべての単体に方向をつけることにします．

n 次元の単体の頂点を $a_0, a_1, a_2, \ldots, a_n$ とおくと，$n+1$ 個の頂点をどの順番に配置するかによって，$(n+1)!$ 通りの表現が出てきます．それぞれを順に並べて

$\langle a_0 a_1 \cdots a_n \rangle$ と書きます．これらの表現を 2 種類のグループに分けることにします（これらを「右方向，左方向」，または，「+ 方向，− 方向」のようによびます）．

ベクトル（1 次元の単体）では，方向は明らかに二つとることができます．$|ab|$ について，$\langle ab \rangle$ と $\langle ba \rangle$ の 2 種類の表現があり，方向を考えるとこの二つは違うものであると考えることができます．

ところが，2 次元の単体については様子が多少違います．2 次元の単体は三角形ですが，これは三つの頂点をもちます．三つの頂点を a, b, c とおくと，6 種類の表現 $\langle abc \rangle, \langle acb \rangle, \langle cba \rangle, \langle bac \rangle, \langle bca \rangle, \langle cab \rangle$ が考えられます．これらのうち，「同じ方向」とはどのようなものなのでしょうか．これは難しい問題ですが，ここでは，基準となる順番から点の並びがどのように入れ替わっているかということに注目します．注目している順番から基準の順番まで二つの要素の入れ替え（これを互換といいます）によって，何回で到達できるかということを考えます．この回数はどのように入れ替えるかによって変わりますが，実は，その回数の偶奇（偶数か奇数かということ）は入れ替え方に依存しないことがわかっています．ここでは，偶数回の互換によって基準の順番に至る並びは +（プラス）の方向，奇数回の場合には −（マイナス）の方向と定義します．このように定義すると，あらゆる単体に「向き (orientation)」をつけることができます．これにより，$\langle abc \rangle$ を基準とすれば，

$$\langle abc \rangle, \langle bca \rangle, \langle cab \rangle \tag{11.10}$$

は + の向き，

$$\langle bac \rangle, \langle cba \rangle, \langle acb \rangle \tag{11.11}$$

は − の向きと定義できます．これによって，2 次元単体の向きを 2 種類に定義することができました．実はこの定義は，三角形の頂点が右回りについているか左回りについているかということと同じになります．この定義により，

$$\langle bac \rangle = -\langle abc \rangle \tag{11.12}$$

と書くことができます．この考え方を導入すると，あらゆる単体に向きをつけることができます．

3 次元単体の場合には，右回り，左回りという定義は基本的にできませんが，3 次元空間中の回転によって，移り合えるものは同じ符号であるということになっています．上の議論と同様に，構成する点の偶数回の互換によって移り合える単体は同じ符号であり，移り合えないものは異なる符号であるとします．たとえば，

$$\langle abcd \rangle = -\langle abdc \rangle = \langle adbc \rangle = -\langle dabc \rangle \tag{11.13}$$

となります．図を描けば，同じ符号の単体は回転によって重ね合わせることができる

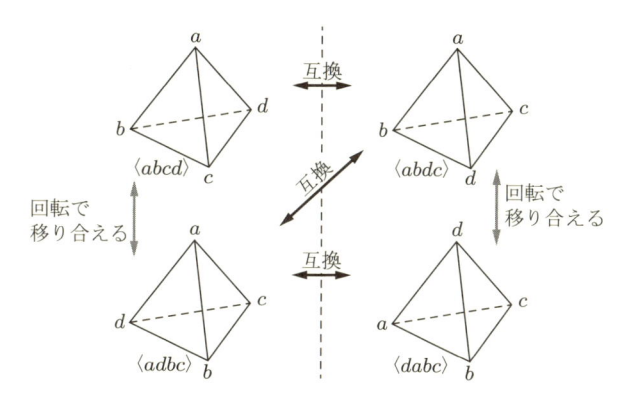

図 11.6 回転によって互いに移り合える 3 次元単体と移り合えない 3 次元単体

と確認できます（図 11.6 参照）．

ここで述べた考え方は，次章以降の議論で威力を発揮します．

○○○ 演習問題 11 ○○○

11.1 図 11.7 の単体のすべての面を列挙せよ．

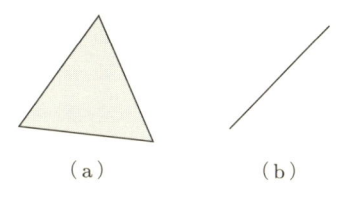

図 11.7 いくつかの単体

11.2 図 11.8 に示される複体を集合として表現せよ．

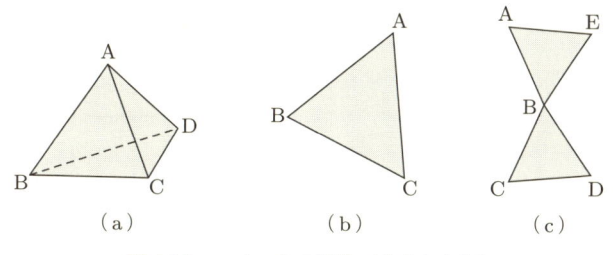

図 11.8 いくつかの複体（中身を含む）

11.3 図 11.9 の二つの 2 次元図形をそれぞれ適当に単体に分割することによって，これらの図形が位相同型であることを示せ．ただし，どの点どうしが対応するかわかるように，それぞれの点に記号をつけること．

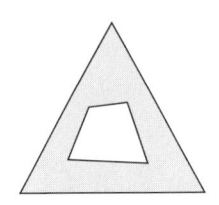

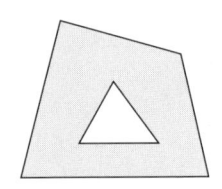

図 11.9 位相同型な二つの図形

11.4 正五角形と正方形が位相同型であることを，単体分割して対応する点を指定することによって示せ．

11.5 符号の異なる二つの 3 次元単体は，回転しても互いに重ね合わせることができないことを示せ．

11.6 図 11.4 の四つの分割のうち (a)〜(c) が単体分割ではないことを，くわしく説明せよ．

第12章 鎖とその境界

本章では，複体とその境界という考え方について学びます．境界という考え方は自然なものではありますが，それだけでは形式的に扱うことができません．単体を集めた複体を境界も含めた形で，統一的な構造で扱うというのが本章の話題です．

12.1 線形代数を思い出そう

線形代数は，大学における数学の基礎科目です．本章では，まずこれについて思い出してください．線形代数ではベクトル空間を扱います．ベクトル空間を集合としてみたとき，その集合の要素はベクトルです．ベクトルは足し算や引き算ができ，ゼロベクトルという単位元をもつので，可換な群をなしています[*1]．本章で扱う対象は，ベクトルと，群としてのベクトル空間です．

くわしく見ていきましょう．あるベクトル空間を V とおきます．V の二つの要素を x, y とおけば，ベクトルの和として，$x+y$ を定義することができます．ベクトル x の方向が逆になっているベクトルのことを $-x$ と書けば，

$$x + (-x) = (-x) + x = o \tag{12.1}$$

となります．ここで，o はゼロベクトルとよばれるものです．実は，o は単位元になっています．すなわち，

$$x + o = o + x = x \tag{12.2}$$

となっています．非常に単純な群ではありますが，ベクトル空間 V は群になっています．われわれが普段扱うベクトル空間は，いくつかの特殊な要素を用いて，それらに適当な数を掛けて足した形で，すべての要素をただ一通りに表現することができます．このような要素の組のことを**基底** (basis) とよびます[*2]．たとえば，$x_1, x_2, \ldots, x_n$ が基底であれば，V の任意の要素は

$$x = a_1 x_1 + a_2 x_2 + \cdots + a_n x_n \tag{12.3}$$

[*1] 適当な体や環の要素を並べたベクトル空間のような群のことを**自由加群** (free module) とよびます．本章以降で扱う整数を成分とするベクトル空間は，自由加群の一例です．

[*2] 基底が存在することは証明を必要とすることで，自明ではありません．

と表現できるとします.ただし,$a_1, a_2, \ldots, a_n$ は実数であるとします.ここで,n のことをこのベクトル空間の**次元** (dimension) とよびます.この場合,要素 x を $(a_1, a_2, \ldots, a_n)$ と書くこと(表現すること)ができます.これは座標と見ることもできます.すなわち,$x_1, x_2, \ldots, x_n$ を互いに直交する軸の方向の単位ベクトルであると考えることもできます.これによって,n 次元ユークリッド空間の点をすべて表すことができます.ここからわかるのは,ユークリッド空間は群をなすということです.ユークリッド空間に含まれる点をベクトルとして(座標として)表現し,それを解析することによって,多くのことを知ることができます.ベクトル空間という道具は非常に便利なものです.

もう一つ,本章で扱う対象に関連する例を挙げます.いま,りんごとみかんと梨があるとします.それぞれを記号で R, M, N と表現してみましょう.このとき,これらの果物をいくつか集めた集合体を式で表現することを考えます.たとえば,

$$A = 3R + 4M + N \tag{12.4}$$

と書くことができます.これはりんごが3個,みかんが4個,梨が1個であることを表しています.このような表現方法をとると,果物の集合体が二つあったときに,その「和」というものを定義することができます.すなわち,$A_1 = r_1 R + m_1 M + n_1 N$,$A_2 = r_2 R + m_2 M + n_2 N$ とおけば,

$$A_1 + A_2 = (r_1 + r_2)R + (m_1 + m_2)M + (n_1 + n_2)N \tag{12.5}$$

と表現できます.すなわち,果物の集合体どうしの足し算ができます.ただし,この世界は,前述のベクトル空間と多少異なり,係数はすべて正の数です.したがって,このような演算の世界には単位元がありません.そこで,単位元 $o = 0R + 0M + 0N$ を便宜的に定義することにします.これは,いうなれば「何もない」ということを表現したものです.単位元を付加しただけでは群にはなりません.さらに,$A_1 = r_1 R + m_1 M + n_1 N$ の逆元を $-A_1 = (-r_1)R + (-m_1)M + (-n_1)N$ と定義すれば,

$$A_1 + (-A_1) = r_1 R + m_1 M + n_1 N + (-r_1)R + (-m_1)M + (-n_1)N$$
$$= o \tag{12.6}$$

となります.このようにすると,今度こそ前述のベクトル空間と同じような世界ができるように見えますが,実は一点だけ異なります.それは,係数がつねに整数であるということです.しかし,係数にマイナスの整数を許すものまで含めれば,これは可換群となります.実は,これから単体に対して定義するのは,このようなタイプの群です.このような群は,最初に紹介したわれわれがよく知っているベクトル空間に比べると多少複雑な性質をもちますが,おおむね同じであると考えられます.

いま，果物の集合体は（りんご1個，みかん1個），（みかん1個，梨1個），（梨1個，りんご1個）という組み合わせでしか手に入らないとします．たとえば，みかん単独では手に入らないと考えてみます．ただし，ここでは，前述のように負の係数も考えに入れます．この場合に，ほかの果物を手に入れないで梨だけを手に入れることができるでしょうか．実は可能です．これは（りんご，みかん）を−1組，（みかん，梨）を1組，（梨，りんご）を1組を足し合わせると，梨が2個手に入ります．しかし，梨を2個ずつ手に入れることは可能なのですが，梨を1個だけ手に入れることはできません．これは演習問題とします．任意個数の果物の組み合わせを得ることは，ここではできないのです．このような世界でも，空間の次元（基底の個数）は3です[*1]．したがって，りんご，みかん，梨を独立に得られる世界の次元と同じです．しかし，それぞれの要素が自由にとれる世界では表現できるのに，ここでは表現できないベクトルが存在することになります．

つぎの節で扱う鎖は，ここで述べたりんご，みかん，梨によるベクトルと概念的に同じものです．このような，個数に基礎をおくような整数ベクトルの世界では，実数上のベクトル空間で起こらないようないろいろな現象が起きます．たとえば，1次元のベクトル空間（たとえば，りんごを並べて作る世界）$\{nR \mid n \in \mathbb{Z}\}$は，りんごが偶数個しか出てこない空間$\{2nR \mid n \in \mathbb{Z}\}$を部分集合として含んでいます．すなわち，後者は前者の部分群になっているわけです．しかし，次元としては両者とも1です．

12.2 鎖とは何か

ここで，話を複体に戻します．前節で述べたベクトル空間（可換群）の方法論を複体に適用します．ご存知のように，ベクトルによる方法論は非常に強力なものですから，うまく複体をベクトル空間の性質に置き換えることができれば，いろいろなことがわかると考えられます．

まず，複体ですが，これは第11章で見たように，単体の集まりです．それぞれの単体は次元（前述のベクトル空間の次元と混同しないでください）をもちます．点であれば0次元，面であれば2次元となります．ここで，複体に含まれる単体を次元ごとに分類してみましょう．まず，図12.1を見てみましょう．この図形は三角形を表現した複体です．この複体に含まれる0次元の単体は$\langle a \rangle, \langle b \rangle, \langle c \rangle$です．これらを前

[*1] 三つの整数ベクトル$(1,0,1), (1,1,0), (0,1,1)$を整数個足し合わせることによって得られるベクトル空間の次元は3です．なぜならば，$x(1,0,1) + y(1,1,0) + z(0,1,1) = (0,0,0)$という方程式の解は$x = y = z = 0$しかなく，これはこの三つのベクトルが一次独立であることを表しています．定義より，この空間に含まれる任意のベクトルは，もともと，この三つのベクトルの適当な個数の和によって表されるわけで，これらのベクトルで構成される空間の次元は3ということになります．

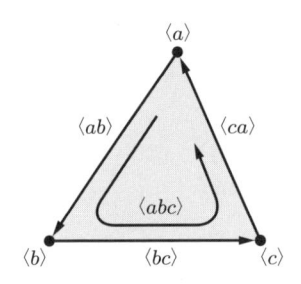

図 12.1　三角形を表現した複体 K

述のりんご，みかん，梨だと思ったとき，それらによって作られるベクトルがあります．これは，

$$c = 2\langle a \rangle + 3\langle b \rangle - \langle c \rangle \tag{12.7}$$

のように書けます．このようなベクトルを**鎖** (chain) とよびます．また，これらのベクトルをすべて集めた集合を，この複体の 0 次元の**鎖群** (chain group) とよびます．前述の果物の例と同様に，この集合は群をなします．この群をこの複体を K として $C_0(K)$ と書きます．このベクトル空間の次元は 0 次元単体の個数に等しくなります．群 $C_0(K)$ の構造は非常に単純なもので，特に論じるほどのものではありません．

さらに次元の高い鎖群について考えてみましょう．これは前述の例と同様に，基底となる要素は 1 次元単体であり，ここでは $\langle ab \rangle$, $\langle bc \rangle$, $\langle ca \rangle$ です．これらに個数を掛けて，

$$c = 1\langle ab \rangle + 3\langle bc \rangle + 2\langle ca \rangle \tag{12.8}$$

のように書くことができます．このようなベクトルを集めた集合を $C_1(K)$ と書いて，複体 K の 1 次元の鎖群とよびます．最後に，2 次元の鎖群は，ただ一つの 2 次元単体 $\langle abc \rangle$ の整数倍なので，

$$C_2(K) = \{ n\langle abc \rangle \mid n \in \mathbb{Z} \} \tag{12.9}$$

と書くことができます．これらは，すべてベクトル空間であり，したがって可換群をなします．一般に，n 次元の鎖群はつぎのように定義されます．

> **定義 12.1**　複体 K の n 次元の鎖群 $C_n(K)$ とは，K に含まれるすべての n 次元単体 $s_1, s_2, \ldots, s_m$ を用いて作られる鎖 $\sum_{i=1}^{m} a_i s_i$ $(a_i \in \mathbb{Z})$ によって構成される可換群のことである．

ここまでの定式化はそれほど利用価値のあるものではありませんが，つぎの節で定

義する境界演算子を考えると，この枠組みが実に巧妙であるということが見えてきます．

12.3 境界演算子

ここで，前述の式 (12.7) や式 (12.8) のようなベクトル（これを鎖とよびました）の次元を落とす演算を考えてみます．このような演算を行う演算子を**境界演算子** (boundary operator) とよびます．この演算子は，文字どおり図形（この場合は単体もしくは鎖）の境界をとる演算子です．まず，単体 $\langle ab \rangle$ の境界を考えます．境界演算子を ∂ と書き，

$$\partial \langle ab \rangle = \langle b \rangle - \langle a \rangle \tag{12.10}$$

となります．これは，機械的につぎのように考えます．

ある単体に境界演算子を作用させるとは，その単体の i 番目（番号は 0 から始まる）の頂点を抜いた残りの頂点による単体（1 次元低い単体になる）に $(-1)^i$ を掛けたものを，すべての i について足し合わせた鎖を作ることである．

上記の例の場合，二つの頂点 a, b が構成されるので，左から順に記号を抜くと，b, a がそれぞれ残ります．これらによって作られる 0 次元単体にそれぞれ符号 $(-1)^0 = 1$, $(-1)^1 = -1$ を掛けて足し合わせた鎖となります．この演算は純粋に記号の操作になっています．特にその意味づけを考える必要はないのですが，実は，この演算によって得られるものは，われわれの直感に近いものになります．

この場合，$\langle ab \rangle$ というのは方向をもつので，直感的には a から b への矢印です．ここでこの矢印の末端というものを考えると，それは，a および b となります．ただし，a からは矢印が出ていって，b には矢印が入ります．したがって，そのことを符号で表すと，式 (12.10) のようになります（図 12.2 参照）．

同様にして，2 次元の単体である $\langle abc \rangle$ の境界を求めてみましょう．

$$\partial \langle abc \rangle = \langle bc \rangle - \langle ac \rangle + \langle ab \rangle = \langle bc \rangle + \langle ca \rangle + \langle ab \rangle \tag{12.11}$$

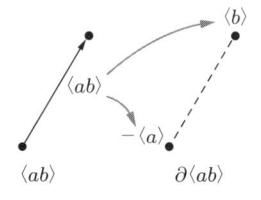

図 12.2　1 次元単体の境界

となります．ここで，もとの2次元の単体は三角形です．出てきた境界は，その三角形を1周するようなループとなります．すなわち，もとの三角形は abc であり，その境界は $a \to b \to c \to a$ というループとなります．この現象はわれわれの直感に近いものです（図 12.1 参照）．

ここで素朴な疑問が生じます．0次元の単体 $\langle a \rangle$ の境界をとるとどうなるのでしょうか．点の境界はゼロベクトル 0 となります．ただし，この境界は 0 次元よりも一つ低い次元（−1 次元と考えるのかもしれませんが，ここではそのような言葉は使いません）の世界のゼロベクトルと考えます．あらゆる点の境界はこの要素になると定義します．

いままで，単体の境界を考えてきました．ここでさらに考え方を拡張して，鎖の境界を考えてみます．鎖は同じ次元の単体をいくつか整数係数として一次結合したものですから，その境界は，それぞれの単体の境界を同じ係数で一次結合したものと考えることが妥当です．たとえば，

$$\partial(1\langle ab \rangle + 3\langle bc \rangle + 2\langle ca \rangle)$$
$$= 1(\langle b \rangle - \langle a \rangle) + 3(\langle c \rangle - \langle b \rangle) + 2(\langle a \rangle - \langle c \rangle)$$
$$= \langle a \rangle - 2\langle b \rangle + \langle c \rangle \tag{12.12}$$

となります．このようにして，任意の鎖からその鎖よりも 1 次元低い鎖を対応づけるのが境界演算子ということになります．

12.4 輪体群，境界輪体群

ここで，われわれにとってなじみの深い 2 種類のものを鎖群の一部から取り出すことを考えます．最初が**輪体** (cycle)，サイクルです．これは，直感的にいえば，輪状になっているものです．前述の 2 次元の単体である三角形の境界をとったときにできる $c = \langle bc \rangle + \langle ca \rangle + \langle ab \rangle$ もサイクルです．それでは，サイクルになっている鎖にはどのような特徴があるでしょうか．まず，この 1 次元の鎖 c で考えてみます．c の境界を計算すると，

$$\partial c = \partial(\langle bc \rangle + \langle ca \rangle + \langle ab \rangle)$$
$$= \langle c \rangle - \langle b \rangle + \langle a \rangle - \langle c \rangle + \langle b \rangle - \langle a \rangle = 0 \tag{12.13}$$

となるので，この輪の境界はゼロベクトル 0 になります．直感的に考えても輪には端がありませんから，境界をとると何も出てこない，すなわち，ゼロベクトルになるということになります．ここで，「輪である」ということを，「境界演算子をとると 0 になるような鎖」と逆に定義します．

このように定義すると，輪の全体というものを求めることが可能になります．複体 K の1次元の鎖は，前述のように $n_1\langle ab\rangle + n_2\langle bc\rangle + n_3\langle ca\rangle$ と一般的に書けます．この境界を計算すると，つぎのようになります．

$$\partial(n_1\langle ab\rangle + n_2\langle bc\rangle + n_3\langle ca\rangle)$$
$$= n_1(\langle b\rangle - \langle a\rangle) + n_2(\langle c\rangle - \langle b\rangle) + n_3(\langle a\rangle - \langle c\rangle)$$
$$= (n_3 - n_1)\langle a\rangle + (n_1 - n_2)\langle b\rangle + (n_2 - n_3)\langle c\rangle \tag{12.14}$$

この式が0に等しいとき，もとの鎖が輪体であるとすると，それぞれの基底の係数が0でなくてはならないので，

$$n_3 - n_1 = n_1 - n_2 = n_2 - n_3 = 0 \tag{12.15}$$

という方程式が出てきます．これより，$n_1 = n_2 = n_3$ となり，もとの輪体は，

$$n_1(\langle ab\rangle + \langle bc\rangle + \langle ca\rangle) \tag{12.16}$$

と表現することができます．すなわち，輪体の全体とは，前述のループの整数倍ということなります．すなわち，

$$Z = \{n(\langle ab\rangle + \langle bc\rangle + \langle ca\rangle) \mid n \in \mathbb{Z}\} \tag{12.17}$$

と書くことができます．この集合は輪体の集まりですが，実は，この集合はやはり群をなします．次章で境界演算子の性質からこのことを導きます[*1]．この集合が群をなすということから，**輪体群** (cyclic group) とよぶことがあります．輪体は，第8章において説明した経路 (path) に対応しています．経路はある基点から出発して基点まで戻ってくるループでした．輪体は，複数のループの集合体でも許されるので，輪体は経路を拡張したものと考えることができます．ただし，輪体は複体の上に定義されたもので，基本群は位相空間に定義されるものですから，もともとの土俵が異なるので正確ないい方ではありません．

また，さらに，もう一つの特殊な鎖について考えてみます．これは，輪体に似ているのですが，輪体とちょっと異なります．これは，「適当な図形の境界になっている鎖」ということで特徴づけることができます．前述の例でいえば，2次元の単体である三角形の境界として $\langle ab\rangle + \langle bc\rangle + \langle ca\rangle$ が出てきますが，これはこの条件に合致します．このような鎖のことを**境界輪体** (boundary) といいます．言葉からもわかるように，これは実はすべて輪体となっています．これについても次章で証明します．さらに，境界輪体全体は群をなします．その集合のことを**境界輪体群** (boundary group) とよぶことがあります．これについても次章で議論します．

[*1] 輪体を二つ足し合わせたとき輪体になることと，ゼロベクトルを含むことを示せばよいだけですから，ほぼ自明です．

さて、ここで、境界輪体と輪体は一致するのではないかと思われるかもしれませんが、それは正しくありません。実は、何かの境界になっているような鎖は必ず「輪」になっていますが、輪になっているからといって、適当な鎖の境界になっているとは限りません。これは重要なことです。トーラスで考えた場合、トーラスの表面上の丸い領域の境界は輪になっていますが、たとえば、トーラスを輪切りにするように切り取る輪は、いかなる 2 次元の鎖の境界にもなっていません（図 12.3 参照）。

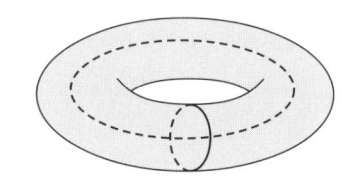

図 12.3 輪体ではあるが、境界輪体ではない鎖

もう一つ、式としてすぐに説明のできる例を与えます。複体

$$K = \{\langle a \rangle, \langle b \rangle, \langle c \rangle, \langle ab \rangle, \langle bc \rangle, \langle ca \rangle\} \tag{12.18}$$

を考えます。これは、三角形の枠のようなものです。枠はありますが、三角形は内部にはまっていません。この場合、1 次元の輪体群は前述の議論のように $\{n(\langle ab \rangle + \langle bc \rangle + \langle ca \rangle)\}$ となりますが、K が 2 次元の単体を含まないことから、1 次元の境界輪体群は $\{0\}$ となり一致しません。もし、K が $\langle abc \rangle$ を含めば、輪体群と境界輪体群は一致します。実は、K が $\langle abc \rangle$ を含むか含まないかによって、位相的な性質がまったく異なることを表しています。

○○○ 演習問題 12 ○○○

12.1 果物の組（りんご 1 個、みかん 1 個），（みかん 1 個、梨 1 個），（梨 1 個、りんご 1 個）のみを複数個（マイナスを含む）集めて梨 1 個だけ手に入れることが不可能であることを示せ。

12.2 前問の組で得られる果物の個数の全体は可換群をなすが，（りんご 1 個、みかん 1 個），（みかん 1 個、梨 1 個），（梨 2 個）という組が基底をなしていることを示せ。

12.3 以下の鎖の境界を計算せよ。

(1) $\langle ab \rangle + 2\langle bc \rangle + 3\langle ac \rangle$

(2) $\langle abc \rangle$

(3) $\langle abcd \rangle$

(4) $2\langle abc \rangle + 3\langle abd \rangle$

12.4 メビウスの輪を図 12.4 のような展開図で考えた場合，その 1 次元の輪体をすべて求めよ．

12.5 前問と同様にして，この図形の 1 次元の境界輪体をすべて求めよ．

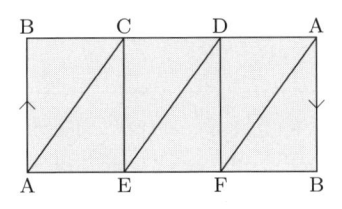

図 12.4　メビウスの輪の展開図

第13章 ホモロジー群の世界

本章では，前章で学んだ鎖群を使って図形の性質を解析していきます．図形の上の鎖群に含まれる部分群として，境界輪体群と輪体群を定義します．これらは，前章で定義した境界輪体と輪体をそれぞれ集めたものです．境界演算子の顕著な性質から，境界輪体ならば輪体であるということがいえます．これは，境界輪体群が輪体群の部分群になっていることにほかなりません．実は，この二つの群の相対的な関係を調べることによって，その図形の位相構造にかかわる普遍的な性質が出てきます．

13.1 線形代数再び ── 補空間の世界 ──

線形空間の中にその部分空間を考えることができます．**部分空間** (subspace) とは，もとの線形空間の部分集合になっていて，しかも，その空間自体が線形空間として閉じているものです．たとえば，3次元ユークリッド空間の中の平面は，部分空間として，原点を通る平面を考えることができます（図 13.1）．この平面上の点をいくら足し合わせても，この平面から外に出ることがありません．また，原点 $(0,0,0)$ を含んでいるので，この平面は単位元をもっていることになります．また，この平面上の点を (a,b,c) としたとき，その逆元に対応する $(-a,-b,-c)$ はこの平面上に乗っています．以上より，平面は部分空間となります．ある空間 X とその部分空間 S があるとき，空間 X 上に同値関係を定義することができます（もし「同値関係」について忘れている人がいたら，第2章の同値関係の部分を参照してください）．これは，群におい

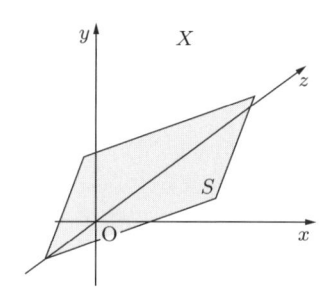

図 13.1 3次元ユークリッド空間 X とその部分空間である平面 S

て部分群で同値関係を作るというのと同じ話なのですが，つぎのように定義します．

$$x \sim y \Leftrightarrow x - y \in S \tag{13.1}$$

このように定義すると，以下のような理由で，この関係 $\sim$ は同値関係になります．まず，$x \in X$ と仮定して，S が部分空間であることから，$x - x = o \in S$ が成り立ちます．また，$x - y \in S$ であれば，$y - x = -(x - y) \in S$ です．さらに，$x - y \in S$ かつ，$y - z \in S$ であるとすると，$x - z = (x - y) + (y - z) \in S$ となり，推移律が成り立ちます．以上より，$x \sim y$ は同値関係です．ここで，第2章で学んだことがらですが，同値関係が存在すると，そこから X 上の同値類，すなわち X の分類を定義することができます．

このことを先の3次元空間の例で眺めてみましょう．まず，3次元ユークリッド空間 $\mathbb{R}^3$ の部分空間として，平面

$$S = \{(x, y, z) \in \mathbb{R}^3 \mid x + y + z = 0\} \tag{13.2}$$

をとります．二つの点 (x_1, y_1, z_1), (x_2, y_2, z_2) が同値であるということは，

$$\begin{aligned}(x_1 - x_2, y_1 - y_2, z_1 - z_2) &\in S \\ \Leftrightarrow x_1 - x_2 + y_1 - y_2 + z_1 - z_2 &= 0\end{aligned} \tag{13.3}$$

と定義することができます．また，任意の3次元空間の点 (x, y, z) は，

$$(x, y, z) = (x, y, -x - y) + (0, 0, z + x + y) \tag{13.4}$$

と表現できます．ここで，右辺の第1項は空間 S に含まれる要素で，第2項は一般には含まれない要素です．このとき，この第2項が等しいような二つの点は同じ同値類に含まれることが容易にわかります．第1項はどのように変化しても類の内部を移動するだけで，類が変わることはないからです．また一方，第2項が異なる場合には，必ず類が変わります．なぜならば，この部分が異なると，互いに引き算をしても z 成分は0でないので，決して S に含まれません．したがって，式 (13.4) の第2項を見れば，もともとの要素がどの類に含まれるかが判定できます．そこで，r という写像を以下のように定義します．

$$r : (x, y, z) \mapsto (0, 0, z + x + y) \tag{13.5}$$

$r(x, y, z)$ が等しい点の集合が一つの類を形成することがわかります．$r(x, y, z)$ は x, y 座標がつねに0ですから，写像 r の値の空間の基底は $(0, 0, 1)$ ということになります．すなわち，原点を通って，$(0, 0, 1)$ 方向に伸びる直線によって，この同値類の空間は表現されることになります．この空間のことを**補空間** (complementary space) とよびます．

これを卑近な例に置き換えてみましょう．ある食べ放題の焼き肉屋では，大きな皿に，肉 (M)，野菜 (V) が一定量乗せてあり，その皿を客は自由に好きなだけとって食べることができます．ただし，とった皿の肉と野菜を残すことはできず，最終的に食べなければいけません．一つの皿に乗っている肉と野菜は $M+V$ と表現します．この皿をとっても，手をつけていなければ戻すことはできるものとします．このような状況で，いま，肉が 2 単位，野菜が 5 単位残っている（これは $2M+5V$ と書くことができます）とすれば，これは，二つの皿を返して $3V$ としても同じですし，さらに皿をもらって $3M+6V$ としても，「食べる」という行為をいっさい行わずに変化させることができます．しかし，これは，$1M+2V$ という状態とは同じではありません．すなわち，肉の単位数と野菜の単位数の差がこの場合問題であり，それが同じであれば，適当に皿を返すかもらうことによって，同じにすることができます．この行為はまったく「食べる」というコストをともないません．この場合，肉，野菜の単位数にゼロや負の数を許して，食べられる可能性のある状態空間は 2 次元の整数の空間 $\mathbb{Z}^2$ であり，この中の部分空間として，$\{(m,n) \mid m,n \in \mathbb{Z}, m=n\}$ を考えます．この部分空間による同値類を決定する補空間は，$\{(0,s) \mid s \in \mathbb{Z}\}$ であるということができます．

以上の議論は，あらゆる可換群に共通に適用できます．ここでは，鎖群の 2 通りの部分空間について，一方が他方の部分空間であるという性質から補空間を計算することにします（実は，それがここでの主題である「ホモロジー群」なのですが）．部分空間を定義するために，つぎの節では，境界演算子の性質についてさらに調べてみます．

13.2　境界演算子の性質

境界演算子の定義は前章で述べたとおりです．ここでは，境界演算子の重要な性質について述べます．まず，前章で境界演算子を使って定義したものに，境界輪体 (boundary) と輪体 (cycle) がありました．境界輪体は，対応する英語を見ればわかるように，これは「何かの境界になっているもの」ということです．また，輪体は，境界をとると 0 になってしまうものとして定義しました．それぞれの集合はつぎのように定義できます．

$$B_i = \{c \in C_i \mid ある鎖 \ d \in C_{i+1} \ が存在して \partial d = c\} \tag{13.6}$$

$$Z_i = \{c \in C_i \mid \partial c = 0\} \tag{13.7}$$

ただし，i は考える鎖の次数を表し，C_i は i 次元の鎖群（鎖の集合）です．定義から明らかなように，これらの集合はともに C_i の部分集合です．まず，これらが部分集

合であるばかりではなく，部分群になっていることを示しましょう．ここで示すべき内容は，(1) 単位元が含まれている，(2) 逆元が含まれている，(3) 演算が閉じている，の 3 点です．

ここで注意してほしいのは，境界演算子が線形であるという事実です．また，別のいい方をすれば，境界演算子は準同型になっているということです．すなわち，

$$\partial(a_1 c_1 + a_2 c_2) = a_1 \partial c_1 + a_2 \partial c_2 \tag{13.8}$$

となっていることです．ただし，$a_1, a_2 \in \mathbb{Z}$ かつ $c_1, c_2 \in C_i$ とします．これは，鎖を足し合わせてから境界をとっても，境界をとったものを足し合わせても同じであるということをいっていますが，鎖の定義を考えれば，ほぼ自明です．

この性質を用いると，B_i と Z_i が群になっていることがわかります．まず，B_i の二つの要素を c_1, c_2 とおきます．すると，定義より，$c_1 = \partial d_1, c_2 = \partial d_2$ となる d_1, d_2 が存在します．したがって，

$$c_1 + c_2 = \partial(d_1 + d_2) \tag{13.9}$$

と表現でき，$c_1 + c_2 \in B_i$ となり閉じています．単位元が含まれるのは，$\partial 0 = 0$ であることから明らかで，さらに，$\partial(-d) = -\partial d$ であることから，逆元が B_i に含まれるのも明らかです．

一方，Z_i が群であることについても，この準同型の性質から自然に導くことができます．Z_i の要素として，c_1, c_2 をとれば，それぞれについて $\partial c_1 = 0, \partial c_2 = 0$ が成り立っています．これより，

$$\partial(c_1 + c_2) = \partial c_1 + \partial c_2 = 0 \tag{13.10}$$

となり，$c_1 + c_2$ も Z_i の要素となり，閉じています．また，$\partial 0 = 0$ ですから，$0 \in Z_i$ となります．$\partial c = 0$ ならば，$\partial(-c) = -\partial c = 0$ となり，Z_i は逆元も含みます．

それでは，B_i と Z_i の関係はどうなっているでしょうか．これが，本章の本論です．実は，$B_i \subseteq Z_i$ となっています．これを図示すると図 13.2 のようになります．この図の三つの部分は，それぞれの次元の鎖群を表しています．左から真ん中，真ん中から右への対応は境界演算子です．このとき，境界輪体群 B_i は C_{i+1} の境界演算子という写像の像になっています．また，Z_i は C_{i-1} の中の要素 0 へ写像される点の全体となっています．すなわち，Z_i はこの写像のカーネルになっています．この図をじっと眺めると，あることが見えてきます．それは，C_{i+1} のいかなる点も境界演算子を 2 回掛けると 0 に写像されてしまうことです．すなわち，鎖群 C_{i+1} の任意の要素 c について，

$$\partial \partial c = 0 \tag{13.11}$$

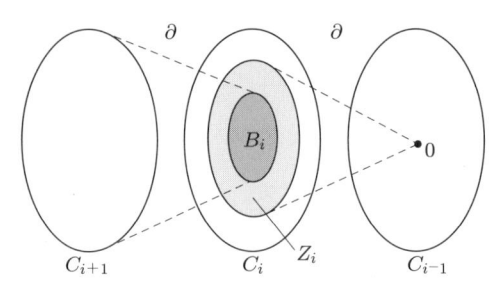

図 13.2 B_i と Z_i の関係

となっています．また，ちょっと考えればわかると思いますが，逆にこのようになっていれば，$B_i \subseteq Z_i$ となります．すなわち，B_i と Z_i のこの包含関係と，境界演算子を 2 回掛けると 0 になることは同値です．この性質はある意味で非常に自明です．何かの境界をとると，その図形を取り囲むようなループが出現します．これはループなので「端」がありません．そのため，もう一度境界をとると，消えてしまいます．例を見てみましょう．たとえば，2 次元の単体一つによる鎖 $\langle abc \rangle$ について考えてみます．この鎖の境界を 2 回とると，つぎのようになります．

$$\begin{aligned}\partial\partial\langle abc\rangle &= \partial\{\langle bc\rangle - \langle ac\rangle + \langle ab\rangle\} \\ &= \partial\langle bc\rangle + \partial\langle ca\rangle + \partial\langle ab\rangle \\ &= \langle c\rangle - \langle b\rangle + \langle a\rangle - \langle c\rangle + \langle b\rangle - \langle a\rangle = 0\end{aligned} \quad (13.12)$$

同様にして，3 次元の単体については，

$$\begin{aligned}&\partial\partial\langle abcd\rangle \\ &= \partial\{\langle bcd\rangle - \langle acd\rangle + \langle abd\rangle - \langle abc\rangle\} \\ &= \partial\langle bcd\rangle - \partial\langle acd\rangle + \partial\langle abd\rangle - \partial\langle abc\rangle \\ &= \langle cd\rangle - \langle bd\rangle + \langle bc\rangle - \langle cd\rangle + \langle ad\rangle - \langle ac\rangle \\ &\quad + \langle bd\rangle - \langle ad\rangle + \langle ab\rangle - \langle bc\rangle + \langle ac\rangle - \langle ab\rangle = 0\end{aligned} \quad (13.13)$$

となります．境界演算子はすべて線形ですから重ね合わせが成り立ち，すべての 2 次元，3 次元の鎖についてこの性質が成り立つことになります．0 次元，1 次元の鎖については，そもそもすべて 0 次元以下の単体に落ちるので自明です．したがって，3 次元までの鎖群については，すべて 2 回境界演算子を施せば 0 になることがわかりました[*1]．以上より，3 次元までの境界輪体群が同じ次元の輪体群の部分群になっていることがわかりました．すなわち，

---

*1 一般次元についてもこの性質は成り立ちます．

$$B_i \subseteq Z_i \quad (i = 0, 1, 2, 3) \tag{13.14}$$

となることが示されました．ここで，13.1 節で示した事実を思い返してください．ある群の中に部分群が存在すると，それによって，補空間を作ることができます．この補空間（これも群になりますが）のことをホモロジー群とよびます．つぎの節で，ホモロジー群についてくわしく見てみます．

13.3 ホモロジー群とは

前節で，境界輪体群が輪体群の部分群になっているという事実を導きました．この事実から，輪体群の二つの要素について，境界輪体群を用いて同値関係を定義することができます．この議論は 13.1 節で述べたとおりです．このように考えると，輪体群をこの同値類で分類した空間（補空間）を求めることができます．実は，この補空間について，つぎの性質があります．

> **性質 13.1** 二つの図形が位相同型であるとすれば，それぞれの図形に対して，任意の整数 i について i 次元の輪体群を i 次元の境界輪体群で分類した補空間としての群（商群）Z_i/B_i は，同型な群となる．すなわち，位相同型であれば，この商群の構造は変わらない．

本書では，この事実を証明することはしませんが，これは重要な定理です．ここで「変わらない」というのは，位相同型であれば，単体の辺のつけ方などに依存しないということです．たとえば，図 13.3 の二つの図形について，Z_i や B_i は異なるけれども，この商群を作ると，二つの商群は同型であることが保証されるということです．この群をことを H_i と書き，i 次元の**ホモロジー群** (homology group) とよびます．また，$a, b \in Z_i$ または $a, b \in C_i$ について $a - b \in B_i$ のとき，a と b は**ホモロガス** (homologous) であるといいます．上で述べたようにホモロジー群は位相不変量な

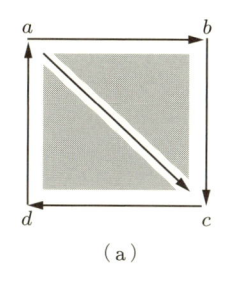

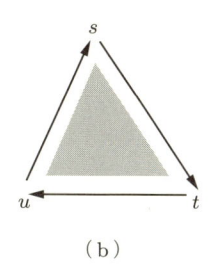

(a)   (b)

図 13.3 互いに位相同型な二つの図形に対応する二つの複体

ので，これを計算すると，図形の位相的な性質がわかることになります．また，H_i のベクトル空間としての次元を**ベッチ数** (Betti number) とよびます．ただし，この場合，基底として考えるのは，無限個の要素のある成分（整数と同型な成分）のみです．したがって，たとえば，偶奇で変化するような成分は勘定に入れません[*1]．ホモロジー群が位相不変量であることから，ベッチ数も各次元について位相不変量であるといえます．ここでは，i 次元のベッチ数を R_i と書くことにします．上記のように数えた次元を $r(\ )$ で記述すれば，

$$R_i = r(H_i) \tag{13.15}$$

と書くことができます．

13.4 オイラーの定理について考える

さて，第 3 章でオイラーの定理について解説しました．この定理について再び考えてみます．この定理は，

$$\text{頂点の数} - \text{辺の数} + \text{面の数} \tag{13.16}$$

が位相同型な図形どうしで不変であるというものでした．このオイラー標数は，ホモロジー群の話と絡めて説明する場合にはつぎのように定義します．

$$\chi = \sum_{i=0}^{n} (-1)^i R_i \tag{13.17}$$

これが，われわれが最初に定義したものと一致する保証はありませんが，実は一致します．この二つが一致するということが，オイラー標数を位相不変量として利用できる理由なのです．この性質を証明するために，まず，二つの性質を示します．

前述のように，空間の次元を数える記号として $r(\ )$ を使います．第 1 に，C_i の次元 $r(C_i)$ を見積もることを考えます．Z_i は C_i に含まれているので，$r(Z_i) \leq r(C_i)$ であることは明らかです．この二つの集合の次元の差は何であるか，図 13.4 をじっと眺めてみます．すなわち，Z_i よりも外で，C_i に含まれる部分の次元ということになりますが，これは $r(C_i/Z_i)$ と書くことができます．ここで，第 7 章で述べた準同型定理を用いて，

$$C_i/Z_i \cong B_{i-1} \tag{13.18}$$

が成り立ちます．上記の式の両辺の群が実質的に同じものであるということから，次

[*1] 群としての整数の集合とその部分群である 2 の倍数による集合について考えた場合，次元はともに 1 です．前者を後者で割った商群を考えると，$\{0, 1\}$ となります．この集合の次元は 0 です．それは，この商群上で $ax = 0\ (a = 0, 1)$ という方程式から $a = 0$ という解が導けないからです．$x = 1$ の場合でも $2x = x + x = 0$ となってしまうので，$a = 0$ とは限りません．

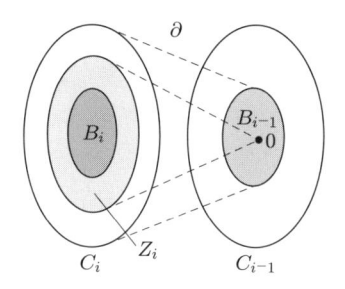

図13.4 鎖群，境界輪体群と輪体群の関係

元も一致します．これより，

$$r(C_i) - r(Z_i) = r(B_{i-1}) \tag{13.19}$$

が得られます．

第2に，ホモロジー群 H_i は Z_i/B_i のことですから，

$$r(H_i) = r(Z_i) - r(B_i) \tag{13.20}$$

と書くことができます．

われわれがオイラー標数を計算するときに用いていた「頂点の数」，「辺の数」および「面の数」は，それぞれ $r(C_0)$, $r(C_1)$, $r(C_2)$ のことです．また，扱う図形はすべて点，辺，面で構成されていると仮定します（すなわち，3次元以上の単体を含まない）．このように考えると，式 (13.19) より

$$\begin{aligned} &r(C_0) - r(C_1) + r(C_2) \\ &= r(Z_0) + r(B_{-1}) - r(Z_1) - r(B_0) + r(Z_2) + r(B_1) \\ &= r(B_{-1}) + (r(Z_0) - r(B_0)) - (r(Z_1) - r(B_1)) + r(Z_2) \end{aligned} \tag{13.21}$$

となります．ここで，$r(B_{-1}) = 0, r(B_2) = 0$ が成り立っています．特に後者は，対象となる複体は3次元の単体を含まないという仮定から出てくるものです．したがって，式 (13.21) は，式 (13.20) を用いてつぎのように書くことができます．

$$\begin{aligned} &r(C_0) - r(C_1) + r(C_2) \\ &= (r(Z_0) - r(B_0)) - (r(Z_1) - r(B_1)) + (r(Z_2) - r(B_2)) \\ &= r(H_0) - r(H_1) + r(H_2) = \chi \end{aligned} \tag{13.22}$$

式の最後に出てきたものは，ここで与えたオイラー標数の定義です．これより，第3章で最初に考えたオイラー標数と，ベッチ数から作ったオイラー標数が一致することがわかりました．ここから，われわれが当初から利用していたオイラー標数も位相不

変量であることがわかりました[*1].

第3章において定義した平面図形は，辺で囲まれた領域につねに面があると定義したので，$r(H_1) = r(H_2) = 0$ となります．これより，式 (13.22) を用いると，$\chi = r(H_0)$ となります．本章の演習問題 13.3 で扱うように，$r(H_0)$ は図形の連結成分の個数に等しいので，平面図形の場合，オイラー標数と連結成分の個数は等しくなり，この結果は性質 3.2 で述べたものと一致します．

次章では，ここで定義したホモロジー群をいくつかの図形について具体的に計算してみます．

○○○ 演習問題 13 ○○○

13.1 2次元ユークリッド空間上におかれた円周（内部を含まない）のホモロジー群を 0 次元，1 次元について計算せよ．また，それぞれの次元について，ベッチ数はいくつになるか．

13.2 図 13.3 に示される二つの図形のホモロジー群を各次元について求めて，それぞれの次元についてそれらが同型であることを確認せよ．

13.3 0 次元ホモロジー群の次元，すなわち 0 次元ベッチ数は，図形の連結成分の個数に等しいことを示せ．

[*1] 一般的な次元のオイラー標数についても同様の性質が成り立ちます．

第14章 いろいろな図形のホモロジー群

本章では，いろいろな図形のホモロジー群を計算してみます．ここで得られた結果は，必ずしも基本群とは一致しませんが，似たような構造をもつことが見えてきます．ホモロジー群は，基本群で定義した経路 (path) における順序を無視したようなものであり，それ以外についてはほぼ同じ考え方のもとで定義されたものであるといえます．このように，順序による要素を無視することによって，すべてを可換群として扱うことを可能にします．実は，ここで述べる 1 次元のホモロジー群は，第 7 章において説明した群の可換化を基本群に施したものと一致することが知られています．本章の最後でこのことについて説明します．

14.1 単純な図形のホモロジー群を計算する

実際にホモロジー群を計算することは骨の折れる作業です．しかし，この場合，方法論ははっきりしているので，ひたすら機械的に計算すれば，答えは出るものです．まず，単純な二つの三角形がくっついた図形のホモロジー群を計算してみます．図 14.1 に図形を示します．複体としては，つぎのように定義されます．

$$K_1 = \{\langle abd\rangle, \langle bcd\rangle, \langle ab\rangle, \langle bc\rangle, \langle cd\rangle, \langle da\rangle, \langle db\rangle, \langle a\rangle, \langle b\rangle, \langle c\rangle, \langle d\rangle\} \quad (14.1)$$

まず，1 次元の鎖群は以下のようになります．

$$C_1 = \{c_1\langle ab\rangle + c_2\langle bc\rangle + c_3\langle cd\rangle + c_4\langle da\rangle + c_5\langle db\rangle \mid$$
$$c_i \in \mathbb{Z} \quad (i = 1, 2, \ldots, 5)\} \quad (14.2)$$

この鎖群の要素の境界を計算すると，つぎのようになります．

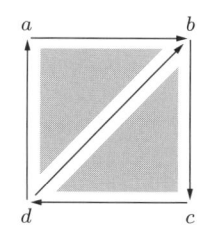

図 14.1 最初に解析する複体

$$\partial(c_1\langle ab\rangle + c_2\langle bc\rangle + c_3\langle cd\rangle + c_4\langle da\rangle + c_5\langle db\rangle)$$
$$= c_1(\langle b\rangle - \langle a\rangle) + c_2(\langle c\rangle - \langle b\rangle)$$
$$+ c_3(\langle d\rangle - \langle c\rangle) + c_4(\langle a\rangle - \langle d\rangle) + c_5(\langle b\rangle - \langle d\rangle)$$
$$= (c_4 - c_1)\langle a\rangle + (c_1 + c_5 - c_2)\langle b\rangle + (c_2 - c_3)\langle c\rangle$$
$$+ (c_3 - c_4 - c_5)\langle d\rangle \tag{14.3}$$

任意の整数 c_i を用いて 0 次元のすべての鎖が表現できればよいのですが，この場合，すべての鎖を表現することはできません．ここで，

$$t_1 = c_4 - c_1 \tag{14.4}$$
$$t_2 = c_1 + c_5 - c_2 \tag{14.5}$$
$$t_3 = c_2 - c_3 \tag{14.6}$$

とおけば，$c_3 - c_4 - c_5 = -(t_1 + t_2 + t_3)$ と書けます．これより，

$$\partial(c_1\langle ab\rangle + c_2\langle bc\rangle + c_3\langle cd\rangle + c_4\langle da\rangle + c_5\langle db\rangle)$$
$$= t_1(\langle a\rangle - \langle d\rangle) + t_2(\langle b\rangle - \langle d\rangle) + t_3(\langle c\rangle - \langle d\rangle) \tag{14.7}$$

が得られます．すなわち，0 次元の境界輪体群は，

$$B_0 = \{t_1(\langle a\rangle - \langle d\rangle) + t_2(\langle b\rangle - \langle d\rangle) + t_3(\langle c\rangle - \langle d\rangle) \mid$$
$$t_i \in \mathbb{Z} \quad (t = 1, 2, 3)\} \tag{14.8}$$

と書くことができます．0 次元の鎖については任意の鎖が輪体となるので，0 次元の輪体群は 4 次元となります．任意の 0 次元の鎖について

$$a_1\langle a\rangle + a_2\langle b\rangle + a_3\langle c\rangle + a_4\langle d\rangle$$
$$= a_1(\langle a\rangle - \langle d\rangle) + a_2(\langle b\rangle - \langle d\rangle) + a_3(\langle c\rangle - \langle d\rangle)$$
$$+ (a_1 + a_2 + a_3 + a_4)\langle d\rangle \tag{14.9}$$

と書けるので，境界輪体分の差を無視すれば，$\langle d\rangle$ の係数の違いが本質的な違いということになります．これは一般的な整数ですから，ホモロジー群は，

$$H_0 \cong \mathbb{Z} \tag{14.10}$$

となります．ホモロジー群の次元がベッチ数なので，この場合，0 次元のベッチ数は 1 になります．実は，この数は，もとの図形の連結成分の個数に等しくなります（演習問題 14.1）．

つぎに，1 次元のホモロジー群について考えてみます．まず，輪体について考えます．1 次元の鎖は，一般につぎのように書けます．

14.2 穴があいた図形のホモロジー群

$$c = c_1 \langle ab \rangle + c_2 \langle bc \rangle + c_3 \langle cd \rangle + c_4 \langle da \rangle + c_5 \langle db \rangle \tag{14.11}$$

輪体はその境界が 0 となるものですから，式 (14.3) の結果より，

$$c_4 - c_1 = 0 \tag{14.12}$$

$$c_1 + c_5 - c_2 = 0 \tag{14.13}$$

$$c_2 - c_3 = 0 \tag{14.14}$$

$$c_3 - c_4 - c_5 = 0 \tag{14.15}$$

が成り立てば輪体となります．最後の式 (14.15) は上の三つの式から導かれるので，結局，輪体は，

$$c_1 \langle ab \rangle + c_2 \langle bc \rangle + c_2 \langle cd \rangle + c_1 \langle da \rangle + (c_2 - c_1) \langle db \rangle$$
$$= c_1 (\langle ab \rangle + \langle da \rangle - \langle db \rangle) + c_2 (\langle bc \rangle + \langle cd \rangle + \langle db \rangle) \tag{14.16}$$

と表現され，輪体群の次数は 2 です．一方，1 次元の境界輪体群を求めてみると，

$$\partial (d_1 \langle abd \rangle + d_2 \langle bcd \rangle)$$
$$= d_1 (\langle ab \rangle + \langle bd \rangle + \langle da \rangle) + d_2 (\langle bc \rangle + \langle cd \rangle + \langle db \rangle) \tag{14.17}$$

となります．これは，式 (14.16) と同じになります．したがって，1 次元のホモロジー群は，

$$H_1 \cong \{0\} \tag{14.18}$$

となります．また，1 次元のベッチ数は 0 となります．

同様にして，2 次元のホモロジー群を求めます．2 次元の輪体群は無条件に $\{0\}$ となります．なぜならば，式 (14.17) を 0 にするためには，$d_1 = d_2 = 0$ でなければならないからです．一方，境界輪体群も $\{0\}$ になります．なぜならば，この複体には 3 次元の単体は含まれないからです．これより，2 次元のホモロジー群 H_2 は $\{0\}$ と同型ということになります．これより，2 次元のベッチ数は 0 となります．

以上より，この図形（複体）の 0, 1, 2 次元のホモロジー群はそれぞれ $\mathbb{Z}, \{0\}, \{0\}$ と同型となり，ベッチ数はそれぞれ 1, 0, 0 となります．

14.2 穴があいた図形のホモロジー群

つぎに，もう少し複雑な図形のホモロジー群を求めてみます．前節で扱った図形とほぼ同じですが，2 次元の単体（三角形）を一つ削除して，穴を作ります．このようにすると，状況が多少変わります．図形としては，図 14.2 に示す図形となります．

このような図形について，各次元でホモロジー群を計算してみましょう．この複体

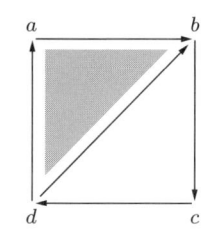

図 14.2 穴をもった複体

を式で書くと，つぎのようになります．

$$K_2 = \{\langle abd\rangle, \langle ab\rangle, \langle bc\rangle, \langle cd\rangle, \langle da\rangle, \langle db\rangle, \langle a\rangle, \langle b\rangle, \langle c\rangle, \langle d\rangle\} \qquad (14.19)$$

まず，0 次元のホモロジー群について考えますが，これについては K_1 の場合とまったく同じになります．それは，0 次元，1 次元の単体がまったく同じだからです．

つぎに，1 次元のホモロジー群について考えます．この場合，1 次元の境界輪体は，

$$\partial(d_1\langle abd\rangle) = d_1(\langle ab\rangle + \langle bd\rangle + \langle da\rangle) \qquad (14.20)$$

となります．ここで，任意の輪体は，つぎのように書くことができます．

$$c_1\langle ab\rangle + c_2\langle bc\rangle + c_2\langle cd\rangle + c_1\langle da\rangle (c_2 - c_1)\langle db\rangle$$
$$= c_1(\langle ab\rangle + \langle da\rangle - \langle db\rangle) + c_2(\langle bc\rangle + \langle cd\rangle + \langle db\rangle) \qquad (14.21)$$

したがって，$\langle ab\rangle + \langle da\rangle - \langle db\rangle$ の分を差し引くと，残るのは，$c_2(\langle bc\rangle + \langle cd\rangle + \langle db\rangle)$ です．ここで，c_2 は任意の整数とすることができるので，1 次元のホモロジー群は，

$$H_1 \cong \mathbb{Z} \qquad (14.22)$$

と書くことができます．最後に，2 次元のホモロジー群について考えてみます．この場合，2 次元の境界輪体群は，3 次元単体が含まれないことから $\{0\}$ となり，輪体群については，

$$\partial(d_1\langle abd\rangle) = d_1(\langle ab\rangle + \langle bd\rangle + \langle da\rangle) = 0 \qquad (14.23)$$

より，$d_1 = 0$ が解となり，やはり $\{0\}$ となります．したがって，2 次元のホモロジー群は $\{0\}$ と同型となります．

以上より，図形 K_2 の 0, 1, 2 次元のホモロジー群は，それぞれ $\mathbb{Z}, \mathbb{Z}, \{0\}$ と同型となります．また，ベッチ数は，それぞれ 1, 1, 0 となります．

14.3 射影平面のホモロジー群はどうなるか

ホモロジー群の計算の最後として，単体分割するとかなり複雑になる図形である射影平面のホモロジー群を計算してみます．これも前節で扱った図形と同じように単体分割してみます．辺の本数などはなるべく小さくしたほうが計算が楽になります．ここでは，なるべくそのように図形を単純化するために，図 14.3 に示すように単体分割します．

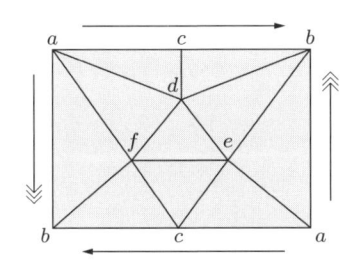

図 14.3 射影平面の単体分割

このように分割すると，この曲面は，10 個の 2 次元単体（三角形）によって構成されることになります．これを式として書き下すと，つぎのようになります．ここで注意が必要なのは，この図形の上下左右は貼り合わされているということです．

$$K_3 = \{\langle afb \rangle, \langle bfc \rangle, \langle fec \rangle, \langle eca \rangle, \langle bea \rangle, \langle deb \rangle, \langle cdb \rangle, \langle adc \rangle,$$
$$\langle dfe \rangle, \langle afd \rangle, \langle ab \rangle, \langle ac \rangle, \langle cb \rangle, \langle af \rangle, \langle ad \rangle, \langle bd \rangle,$$
$$\langle be \rangle, \langle bf \rangle, \langle cd \rangle, \langle cf \rangle, \langle ce \rangle, \langle ae \rangle, \langle df \rangle, \langle fe \rangle, \langle ed \rangle,$$
$$\langle a \rangle, \langle b \rangle, \langle c \rangle, \langle d \rangle, \langle e \rangle, \langle f \rangle\} \tag{14.24}$$

図形が複雑に見える割に，辺や点の個数は少なくなっています．これは，「貼り合わせ」のためです．ここから，まず 0 次元のホモロジー群について考えてみます．前節で見たように，0 次元の輪体群は鎖群と一致します．一方，0 次元の境界輪体は，

$$c = \partial(c_1 \langle ab \rangle + c_2 \langle ac \rangle + c_3 \langle bc \rangle + c_4 \langle af \rangle + c_5 \langle ad \rangle + c_6 \langle bd \rangle$$
$$+ c_7 \langle be \rangle + c_8 \langle bf \rangle + c_9 \langle cd \rangle + c_{10} \langle cf \rangle + c_{11} \langle ce \rangle + c_{12} \langle ae \rangle$$
$$+ c_{13} \langle df \rangle + c_{14} \langle ef \rangle + c_{15} \langle ed \rangle) \tag{14.25}$$

となります．この式を変形すると，

$$c = (-c_1 - c_2 - c_4 - c_5 - c_{12})\langle a \rangle + (c_1 - c_3 - c_6 - c_7 - c_8)\langle b \rangle$$
$$+ (c_2 + c_3 - c_9 - c_{10} - c_{11})\langle c \rangle + (c_5 + c_6 + c_9 - c_{13} - c_{15})\langle d \rangle$$

$$+ (c_7 + c_{11} + c_{12} - c_{14} - c_{15})\langle e \rangle + (c_4 + c_8 + c_{10} + c_{13} + c_{14})\langle f \rangle$$
(14.26)

となります．それぞれの値は，係数は c_i を変えることによって，ほぼ自由に選択することができますが，これらの係数をすべて足すと 0 になるので，最後の係数は上の五つの係数によって書くことができ，1 次元の束縛が生じます．前節の議論と同様にして，0 次元のホモロジー群は $\mathbb{Z}$ と同型になります．したがって，0 次元のベッチ数は 1 となります．

つぎに，1 次元のホモロジー群について考えてみます．まず，輪体を求めてみます．式 (14.26) より，輪体を表現する式の係数はつぎのような方程式の解でなければなりません．

$$-c_1 - c_2 - \boxed{c_4} - c_5 - c_{12} = 0 \tag{14.27}$$

$$c_1 - c_3 - c_6 - c_7 - \boxed{c_8} = 0 \tag{14.28}$$

$$c_2 + c_3 - c_9 - \boxed{c_{10}} - c_{11} = 0 \tag{14.29}$$

$$c_5 + c_6 + c_9 - \boxed{c_{13}} + c_{15} = 0 \tag{14.30}$$

$$c_7 + c_{11} + c_{12} - \boxed{c_{14}} - c_{15} = 0 \tag{14.31}$$

この関係式から，15 個の変数のうち 5 個の変数は，その他の変数によって表現することができます．したがって，大雑把にいえば，自由に決められる変数は $15 - 5 = 10$ 個であることがわかります．残りの 5 個の変数については，$\boxed{}$ で囲まれている変数について解くことによって，以下のように定めることができます．

$$c_4 = -c_1 - c_2 - c_5 - c_{12} \tag{14.32}$$

$$c_8 = c_1 - c_3 - c_6 - c_7 \tag{14.33}$$

$$c_{10} = c_2 + c_3 - c_9 - c_{11} \tag{14.34}$$

$$c_{13} = c_5 + c_6 + c_9 + c_{15} \tag{14.35}$$

$$c_{14} = c_7 + c_{11} + c_{12} - c_{15} \tag{14.36}$$

これらの式から，輪体は，つぎのようになります．

$$\begin{aligned}
c = &\, c_1(\langle ab \rangle + \langle fa \rangle + \langle bf \rangle) + c_2(\langle ac \rangle + \langle fa \rangle + \langle cf \rangle) \\
&+ c_3(\langle bc \rangle + \langle fb \rangle + \langle cf \rangle) + c_5(\langle ad \rangle + \langle fa \rangle + \langle df \rangle) \\
&+ c_6(\langle bd \rangle + \langle fb \rangle + \langle df \rangle) + c_7(\langle be \rangle + \langle fb \rangle + \langle ef \rangle) \\
&+ c_9(\langle cd \rangle + \langle fc \rangle + \langle df \rangle) + c_{11}(\langle ce \rangle + \langle fc \rangle + \langle ef \rangle) \\
&+ c_{12}(\langle ae \rangle + \langle fa \rangle + \langle ef \rangle) + c_{15}(\langle ed \rangle + \langle df \rangle + \langle fe \rangle)
\end{aligned} \tag{14.37}$$

さて，つぎに，1 次元の境界輪体群を求めてみましょう．この図形は 10 個の三角形から構成されています．これより，境界輪体は，つぎの 2 次元単体の境界を線形に足し合わせたものです．

$$\langle afb\rangle, \langle bfc\rangle, \langle fec\rangle, \langle eca\rangle, \langle bea\rangle, \langle deb\rangle, \langle cdb\rangle, \langle adc\rangle, \langle dfe\rangle, \langle afd\rangle \tag{14.38}$$

境界輪体はこれらの単体の境界を基底とするわけですが，最終的に計算したいホモロジー群は，これらの基底で表現されるベクトルを適当に加えたものが同値であるという約束のもとで定義されるホモロガスな関係で，輪体群を割ったものです．この同値関係を $\simeq$ の記号で書くことにすれば，境界輪体になっているものは自明に取り除くことができるので，

$$\begin{aligned}c \simeq{} & c_2(\langle ac\rangle + \langle fa\rangle + \langle cf\rangle) + c_6(\langle bd\rangle + \langle fb\rangle + \langle df\rangle) \\ & + c_7(\langle be\rangle + \langle fb\rangle + \langle ef\rangle) + c_9(\langle cd\rangle + \langle fc\rangle + \langle df\rangle) \\ & + c_{12}(\langle ae\rangle + \langle fa\rangle + \langle ef\rangle)\end{aligned} \tag{14.39}$$

と書くことができます．さらに，

$$\begin{aligned}\langle ac\rangle + \langle fa\rangle + \langle cf\rangle \simeq{} & -(\langle cd\rangle + \langle fc\rangle + \langle df\rangle) \\ & -(\langle af\rangle + \langle fd\rangle + \langle da\rangle) - (\langle ad\rangle + \langle dc\rangle + \langle ca\rangle)\end{aligned} \tag{14.40}$$

と書けることから，

$$\langle ac\rangle + \langle fa\rangle + \langle cf\rangle \simeq -(\langle cd\rangle + \langle fc\rangle + \langle df\rangle) \tag{14.41}$$

と書けます．同様にして，

$$\begin{aligned}\langle bd\rangle + \langle fb\rangle + \langle df\rangle \simeq{} & \langle be\rangle + \langle fb\rangle + \langle ef\rangle \simeq -(\langle ae\rangle + \langle fa\rangle + \langle ef\rangle) \\ \simeq{} & \langle cd\rangle + \langle fc\rangle + \langle df\rangle\end{aligned} \tag{14.42}$$

と書けるので，結局，適当な整数 c' を用いて，

$$c \simeq c'(\langle cd\rangle + \langle fc\rangle + \langle df\rangle) \tag{14.43}$$

と書けることになります．さらに，$c' = 2$ とすると，適当に境界輪体を加えることによって，

$$\begin{aligned}c \simeq{} & 2(\langle cd\rangle + \langle fc\rangle + \langle df\rangle) \\ \simeq{} & (\langle cd\rangle + \langle fc\rangle + \langle df\rangle) + (\langle cd\rangle + \langle fc\rangle + \langle df\rangle) \\ \simeq{} & (\langle cd\rangle + \langle fc\rangle + \langle df\rangle) + (\langle cb\rangle + \langle ba\rangle + \langle ac\rangle) \\ \simeq{} & (\langle cd\rangle + \langle fc\rangle + \langle df\rangle) + (\langle cf\rangle + \langle fd\rangle + \langle dc\rangle) = 0\end{aligned} \tag{14.44}$$

となります.ここで,$c \to b \to a$ の経路は,図 14.3 の中で 2 通りとれることに注意します.基本群で見たことと同様にして,境界輪体とならないこのループは 2 周すると境界輪体になってしまいます.このことから,射影平面の 1 次元のホモロジー群は,$w = \langle cd \rangle + \langle fc \rangle + \langle df \rangle$ とおいて,

$$H_1 \cong \langle w | w^2 \rangle = \{e, w\} \tag{14.45}$$

と書くことができます.

このように,単体分割が複雑になると,ホモロジー群の計算はかなり複雑になりますが,それでも,地道に計算することにより,計算可能です.計算する際は,なるべく単体の個数を少なくとるほうが計算は楽になります.

射影平面の 2 次元のホモロジー群は,これまでの議論から自明に $\{0\}$ と同型になります.

14.4 1 次元のホモロジー群 H_1 と基本群 π_1 の関係

前章で述べたように,ホモロジー群は,輪体群の要素である任意の鎖 c について,それに境界輪体 d を足したり引いたりしたものを同一視するという同値関係で割ったものです.これは結果的に,ホモトピックな経路を同一視するという基本群を導いた同値性とかなり近いものであることがわかります.この節では,この章でここまで計算してきたホモロジー群のうち,1 次元のホモロジー群 H_1 と同じ図形の基本群 π_1 がどのような関係になっているのかを考えてみます.ここでは二つの群を比較するために,H_1 を構成するための単体分割は十分に細かくなっていると仮定します [*1].

これまで,いくつかの図形について H_1 を計算しました.この結果から,直感的には π_1 とほぼ同じものであるということがわかると思います.ただし,H_1 は鎖群から生成されるものなので,演算に交換則が成り立ちます.そこだけが違いであるように思えます.実際,図 14.4 に示すような二つの穴のあいた板について考えれば,図 (a) のように,基本群は a, b 二つの要素をどの順に並べて基点 P から P への経路を作るかが問題です.したがって,基本群は,$\pi_1 = \langle a, b \rangle$ と書けます.一方,ホモロジー群については,それぞれの穴のまわりを回る二つの輪体 $\tilde{a}, \tilde{b}$ を考えますが,この場合,それぞれの輪体がいくつあるかが問題になります.したがって,$\tilde{a}, \tilde{b}$ の順番は問題になりません.このことから,1 次元のホモロジー群は $H_1 = \langle \tilde{a}, \tilde{b} | \tilde{a}^{-1} \tilde{b}^{-1} \tilde{a} \tilde{b} \rangle$ と書くことができます.当然,この群の要素は,$\tilde{a}^n \tilde{b}^m$ という単純な形で書くことができます.ここで,$\tilde{a}^{-1} \tilde{b}^{-1} \tilde{a} \tilde{b}$ は第 7 章の最後で説明した交換子であり,第 7 章の記法で書けば

[*1] 第 15 章で,単体分割を仮定しないホモロジー群の構成について,簡単に説明します.

14.4 1次元のホモロジー群 H_1 と基本群 π_1 の関係

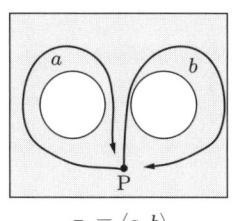

$\pi_1 = \langle a, b \rangle$

(a) 基本群の生成元

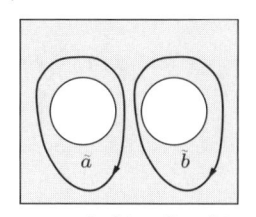

$H_1 = \langle \tilde{a}, \tilde{b} | \tilde{a}^{-1}\tilde{b}^{-1}\tilde{a}\tilde{b} \rangle$

(b) ホモロジー群の生成元

図 14.4 二つの穴をもつ板

$[\tilde{a}, \tilde{b}]$ と書くことができます.

第7章でも解説をしましたが,適当な交換子群の要素を左(または右)から掛けることによって,生成元の掛けられている順序を自由に変更することが可能です.たとえば,a, b が生成元であるとして,$abaaabaa$ という要素については,

$$abaaabaa[aa, b] = abaaaaab \tag{14.46}$$

が成り立ち,さらに,

$$abaaaaab[aaaaab, b] = aaaaaabb = a^6 b^2 \tag{14.47}$$

であるので,

$$abaaabaa[ab, b][aaaaab, b] = a^6 b^2 \tag{14.48}$$

となります.この事実より,第7章で述べた可換化について以下の性質が成り立ちます.本来は,与えられた群のあらゆる交換子を書き換え規則に組み入れなければならないのですが,この場合には,生成元の交換子だけを書き換え規則として入れておけば,あらゆる要素は交換可能ということになるので,それ以外の交換子は入れる必要がなくなります.

性質 14.1 生成元 $a_1, a_2, \ldots, a_n$ と書き換え規則 $r_1, r_2, \ldots, r_m$ によって,$G = \langle a_1, a_2, \ldots, a_n | r_1, r_2, \ldots, r_m \rangle$ と表現されている群が与えられたとき,G の可換化は

$$G/D(G) = \langle a_1, a_2, \ldots, a_n | r_1, r_2, \ldots, r_m, [a_i, a_j] \quad (1 \leq i < j \leq n) \rangle \tag{14.49}$$

と表現される.

例 14.1

7.4 節で述べた 3 次対称群 $S_3 = \{e, x, y, z, s, t\}$ の可換化について考えます.

まず, $xy = s, yx = t$ より, $[x,y] = x^{-1}y^{-1}xy = (yx)^{-1}xy = t^{-1}s = s^2$ なので, 性質 14.1 によれば, 可換化された群 H では, $t = s^2 = e$ となり, さらに $s = t^2 = e$ となります. また, $xy = s = e, y^2 = e$ より, $x = y$ が得られます. 同様にして, $y = z$ なので, 以上より, $H = \langle x | x^2 \rangle$ と書けます.

一方, $D(S_3)$ について考えれば,

$$[x,y] = t, \quad [y,x] = s, \quad [s,t] = s^{-1}t^{-1}st = tsst = ttt = e = [t,s],$$
$$[x,s]x^{-1}s^{-1}xs = xtxs = zy = t \tag{14.50}$$

となります. 他の要素の組み合わせの交換子も, 同様に e, s, t のいずれかになります. これより, $D(S_3) = A_3 = \{e, s, t\}$ となります. さらに, $S_3/D(S_3) = \{\{e,s,t\}, \{xe(=x), xs(=y), xt(=z)\}\} = \{\bar{e}, \bar{x}\}$ となります. ただし, $\bar{e}, \bar{x}$ は, それぞれ剰余類 $\{e,s,t\}, \{x,y,z\}$ に対応する代表元とします. これは前述の H と一致します.

さて, 基本群とホモロジー群の話に戻りましょう. まず, 対象とする位相空間 X は弧状連結であるとします. すなわち, 任意の 2 点 A, B をとると, A から B へ至る経路が必ずとれると仮定します. ここで扱っている図形はすべて弧状連結になっています. いま, X の基本群 π_1 の要素として, X 上の基点 P から P へのループを一つ考えます. これに対して, ホモロジー群 H_1 の要素を一つ対応させることができます. この対応は準同型となっています. 特にこの対応は, フレビッチ準同型 (Hurewicz homomorphism) とよばれるものです. この準同型を f と書きましょう. X の基本群が,

$$\pi_1(X) = \langle a_1, a_2, \ldots, a_n \mid r_1, r_2, \ldots, r_m \rangle \tag{14.51}$$

と表現されているとします. 基本群の要素 ρ は f により, H_1 上の要素 $f(m)$ に移されます. このとき, H_1 が可換群であることから,

$$f(\rho) = f(a_1)^{s_1} f(a_2)^{s_2} \cdots f(a_n)^{s_n} \tag{14.52}$$

という形になり, 基本群の上で成り立つ書き換え規則もすべてホモロジー群の上で成り立つことは自明にわかります. ただし, s_i ($i = 1, 2, \ldots, n$) は適当な整数とします. したがって, ρ が π_1 の交換子群の要素である場合, $f(\rho) = e$ となります. したがって, $D(\pi_1) \subseteq \mathrm{Ker} f$ となっています.

また, 準同型 f は全射となっています. すなわち, 適当な H_1 の要素を選択すると, それに対応する π_1 の要素を少なくとも一つ選択することが可能です. なぜならば,

14.4　1次元のホモロジー群 H_1 と基本群 π_1 の関係

H_1 の要素として輪体を一つ選択すれば，その輪体に基点 P から細い双方向の経路を付加して，さらに連結していない輪体どうしも細い経路で結ぶことによって対応するループを構成することができます．もちろん，細い経路の付加の方法は複数存在する可能性があります．式で書けば，$\mathrm{Im} f = H_1$ となります．

ここで，f のカーネル $\mathrm{Ker} f$ の中身をよりはっきりさせるため，もう少し細かく調べてみます．π_1 のある要素 ρ が f によって，H_1 の単位元に写像されると仮定します．すなわち，$\rho \in \mathrm{Ker} f$ と仮定します．$H_1 = Z_1/B_1$ であることから，このことは ρ が境界輪体群 B_1 の要素になっていることを意味します．B_1 が群であることから，適当な 1 次元の境界輪体，すなわち，適当な 2 次元の複体の境界を足したり引いたりして，0 に等しくすることが可能です．このような操作をしても，2 次元の複体は面を内部にもつので，π_1 の基点から出発して基点に戻る経路としてみれば，ホモトピックな変形となっています．このように ρ を変形して，経路上のいたるところで，経路の別の部分と打ち消し合うようにすることができます．

図 14.5 に例を示します．図 (a) に示すような経路を f によって H_1 へ写像すると，境界輪体に写像される，すなわち，$\rho \in \mathrm{Ker} f$ とすれば，上記の理由から，経路のいたるところで ± の方向で打ち消すようにホモトピックに変形することができます．図 (a) に示される経路は図 (b) のように変形することができます．ここで，経路 ρ 全体を打ち消すペアが入れ替わらない部分とそれをつなぐ分岐点を定義します．図 14.5 の場合，図 (c) に示すように A, B, C, D の四つの部分とそれらをつなぐ分岐点 α, β, γ を定義できます．ここで，基点 P から，この三つの分岐点へのある経路をそれぞれ $\overline{\alpha}$, $\overline{\beta}, \overline{\gamma}$ と定義します．すると，A, B, C, D に対応させて，それぞれ $\overline{\gamma} A \overline{\alpha}^{-1}$, $\overline{\alpha} B \overline{\beta}^{-1}$, $\overline{\alpha} C \overline{\beta}^{-1}$, $\overline{\beta} D \overline{\alpha}^{-1}$ は π_1 の要素となります．これらを経路の順序に従って掛け合わせることによって，

$$\rho = \overline{\gamma} A B C^{-1} A^{-1} D^{-1} B^{-1} C D \overline{\gamma}^{-1} \tag{14.53}$$

と書くことができます．ここで重要なのは，A に対してペアとなる A^{-1} が必ず同じ

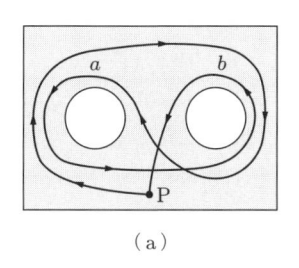

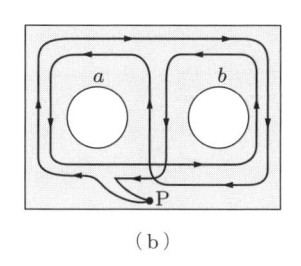

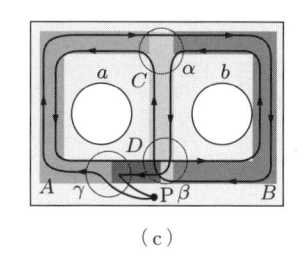

(a)　(b)　(c)

図 14.5　$\mathrm{Ker} f$ に含まれる任意の経路を変形すると，それが π_1 の交換子になっている

個数出現することであり，その他の部分 B, C, D についても同様です．もちろん，上記四つの掛け合わせた π_1 の要素はそれぞれ，π_1 の生成元を用いて適当に表現することができるはずです．したがって，それぞれの生成元について，ρ の中で出現する個数は足し引き 0 となります．この節の最初で示したように，交換子を適当に左から順次掛けることによって，自由に順序を変えることができるので，これによって，π_1 の単位元にすることができます．交換子の逆元は交換子であることから，ρ は交換子の積で表現できることになり，$\rho \in D(\pi_1)$ となります．以上より，$D(\pi_1) \supseteq \mathrm{Ker} f$ が示されました．

上記の結果をまとめれば，$D(\pi_1) = \mathrm{Ker} f$ が得られます．第 7 章に示した準同型定理より，

$$H_1 = \mathrm{Im} f \cong \pi_1/\mathrm{Ker} f = \pi_1/D(\pi_1) \tag{14.54}$$

が得られます．以上の議論の結果をまとめれば，以下のようになります．

> **性質 14.2 (フレビッチの定理)** 弧状連結な図形 X の基本群を π_1 とすれば，X の 1 次元のホモロジー群 H_1 は，
>
> $$H_1 \cong \pi_1/D(\pi_1) \tag{14.55}$$
>
> と書ける．すなわち，X の 1 次元のホモロジー群 H_1 は，基本群 π_1 を可換化したものに同型である．

この定理を用いれば，1 次元のホモロジー群を単体分割から求めるのではなく，基本群の構造から比較的楽に求めることができます．たとえば，トーラスの基本群は $\pi_1 = \langle a, b \mid aba^{-1}b^{-1} \rangle$ で，この群がすでに可換群であることから，$D(\pi_1) = \{e\}$ となり，$H_1 \cong \pi_1$ となります．

これに対して，クラインの壺の基本群は $\pi_1 = \langle a, c \mid a^2 c^{-2} \rangle$ となるので，これより，

$$H_1 \cong \langle a, c \mid a^2 c^{-2}, a^{-1}c^{-1}ac \rangle = \{a^i c^j \mid i \in \{0, 1\}, j \in \mathbb{Z}\} \tag{14.56}$$

が得られます．

このような結果が得られるのは，H_1 と π_1 の間だけで，その他の場合については，基本群（一般次元に拡張すれば，第 15 章で説明する**ホモトピー群** (homotopy group) となります）とホモロジー群にはもっと別の性質があります．特に，ある条件のもとでは，高次元のホモトピー群とホモロジー群は同型であることが知られています．すなわち，フレビッチ準同型は同型写像となります．

本書では，位相空間を解析する二つの方法として，ホモトピーを基本とするホモトピー群とホモロガスな性質を基礎とするホモロジー群を扱ってきました．この二つの

演習問題 14

14.1 弧状連結な図形の 0 次元のホモロジー群は，つねに $\mathbb{Z}$ と同型になることを示せ．

14.2 トーラスの単体分割を図 14.6 とする．この図で示される単体分割で，トーラスの 0, 1, 2 次元のホモロジー群を計算せよ．

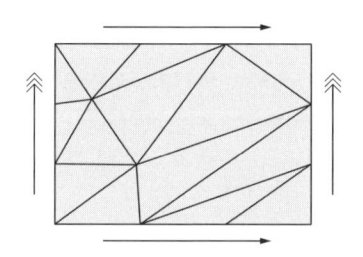

図 14.6 トーラスの単体分割

14.3 図 14.7 の複体 K について，以下の問いに答えよ．この複体は

$$K = \{\langle abf \rangle, \langle bcd \rangle, \langle fde \rangle, \langle ab \rangle, \langle bc \rangle, \langle cd \rangle, \langle de \rangle, \langle ef \rangle, \langle fa \rangle,$$
$$\langle bf \rangle, \langle fd \rangle, \langle db \rangle, \langle a \rangle, \langle b \rangle, \langle c \rangle, \langle d \rangle, \langle e \rangle, \langle f \rangle\}$$

と表記できるものとする．

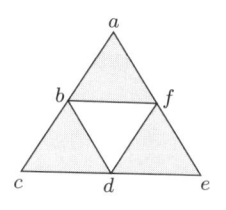

図 14.7 複体 K

(1) 鎖 $3\langle abf \rangle + 2\langle bcd \rangle + \langle fde \rangle$ の境界を計算せよ．
(2) K の 1 次元の輪体群を計算せよ．
(3) K の 1 次元の境界輪体群を計算せよ．
(4) K の 1 次元のホモロジー群を計算せよ．

第15章 おわりに

　本書の最後に，基本群とホモロジー群の拡張について触れます．基本群が基点から基点への経路の分類であったのに対して，2次元に拡張された「基本群」（これをホモトピー群とよびます）は，1点を通る球面から対象となる図形への連続写像を用いて定義されます．また，第12〜13章では単体分割から鎖群や輪体群などを定義し，それを用いてホモロジー群を定義しました．これに対して，本章では，単体分割も用いずに，基本となる単体から図形への連続写像を用いてホモロジー群を定義します．これらはさらなる勉強への橋渡しとなります．

15.1 ホモトピー群の話

　本書では，オイラーの定理から始めて，一般的な位相の話も含めて，基本群，ホモロジー群の解説をしました．ここで述べた内容はトポロジーのごく初歩の部分です．本書の趣旨は本格的な位相幾何学を学ぶというものではなく，位相幾何学の入門を通して，この分野の面白さが理解してもらうことです．

　また，本書では，閉曲面など「面」を対象として議論を進めてきました．最後の章では，さらなる拡張のための考え方について述べて本書を締めくくろうと思います．まず，本節では，基本群の経路の考え方をもっと高次元なものに拡張して，新たな位相不変量を導出します．

　ホモロジー群 H_n については，$H_n = Z_n/B_n$ という定義から一般の次元への拡張は比較的考えやすいと思いますが，基点から出て基点へ戻る経路を基礎とする基本群については，自明ではありません．

　まず，基本群がどのように定義されていたか復習し，より単純な形式に定義し直します．本書では，基本群を定義するために経路を定義しました．これは，X をある位相空間として，

$$\alpha : [0, 1] \to X \tag{15.1}$$

という形の連続写像として定義されます．$\alpha(0)$ が始点であり $\alpha(1)$ が終点です．基本群で用いられるループは始点と終点が一致しているものでした．そこで，最初からループ状のものから X への写像を考えて基本群を再定義しても変わりません．すな

わち，S^1 をある円周であるとして，

$$\alpha : S^1 \to X \tag{15.2}$$

と定義します．ただし，円周の定点 z_0 がつねに基点 P に写像されなければなりません：$\alpha(z_0) = P$．このように定義すれば，基本群は，集合

$$\Pi_1 = \left\{ \alpha \;\middle|\; \alpha : S^1 \to X,\; \alpha(z_0) = P,\; \alpha \text{ は連続} \right\} \tag{15.3}$$

をホモトピック性から定義される同値関係 $\sim$ で割った同値類ということになります．すなわち，

$$\pi_1(X; P) = \Pi_1 / \sim \tag{15.4}$$

となります．ここで問題となるのは，この集合の要素間に定義される演算です．ここでは図 15.1 に示すように，一つのループ S^1 の基点に対応する点 z_0 とそれ以外のもう 1 点を近づけるようにして，二つのループ M_1, M_2 が 1 点で接しているような図形を作ります．S^1 からこの図形への連続写像 F が自然に定義できます．いま，X 上の P を基点とする二つのループは，写像 $\alpha : S^1 \to X$，$\beta : S^1 \to X$ によって定義されているとします．もちろん，$\alpha(z_0) = \beta(z_0) = P$ です．このとき，$\alpha\beta$ に対応するループに対応する写像は，

$$(\alpha\beta)(x) = \begin{cases} \alpha(F(x)) & (F(x) \in M_1) \\ \beta(F(x)) & (F(x) \in M_2) \end{cases} \tag{15.5}$$

と定義されます．ここでは，M_1, M_2 が S^1 と同型であることを利用しています．やっていることは第 9 章で説明した定義と同じです．あとは，ホモトピック性から導出さ

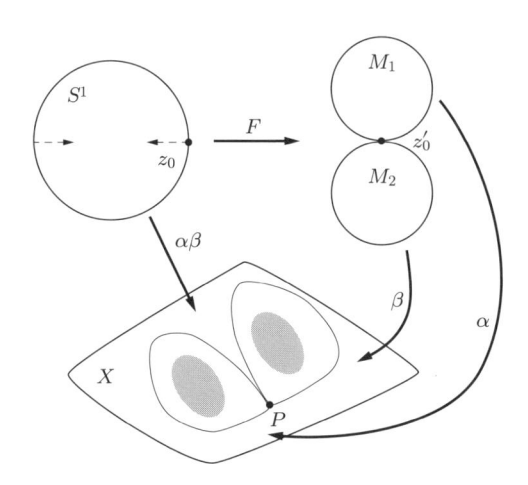

図 15.1　X 上の二つのループ α, β から合成されたループ $\alpha\beta$ の作り方

れる同値関係で割れば，基本群 $\pi_1(X;\mathrm{P})$ を作ることができます．

さて，ここまで説明した内容をベースにして，2次元の**ホモトピー群**[*1](homotopy group) $\pi_2(X;\mathrm{P})$ を定義してみましょう．1次元の場合，円周 S^1 が基本的な役割を演じました．そこで，2次元では円周の代わりに球面 S^2 を用います．すなわち，球面 S^2 とその上の一点 z_0 を考えて，集合

$$\Pi_2 = \left\{ \alpha \mid \alpha : S^2 \to X,\ \alpha(z_0) = \mathrm{P},\ \alpha \text{ は連続} \right\} \tag{15.6}$$

と定義し，ホモトピックな要素は互いに同値であるという関係 $\sim$ を用いて

$$\pi_2(X;\mathrm{P}) = \Pi_2 / \sim \tag{15.7}$$

と定義できます．3次元空間で考えれば，これは，基点を固定された風船のようなもので，障害物にぶつからなければ自由に動かすことができます．もちろん，障害物を飛び越えるなど不連続な動きをすることはできません．また，群を定義するためには，要素どうしの演算を定義しなければなりません．これについても前述の1次元の場合を拡張すればよく，この場合，球面の赤道上に z_0 があると考え，赤道全体を引き寄せて1点とすれば，二つの球面が1点で接しているものができあがります（図15.2参照）．Π_2 の要素は，S^2 から位相空間 X への連続写像です．任意の二つの要素 α と β の演算 $\alpha\beta$ に対応する要素の定義は，式 (15.5) とまったく同様です．

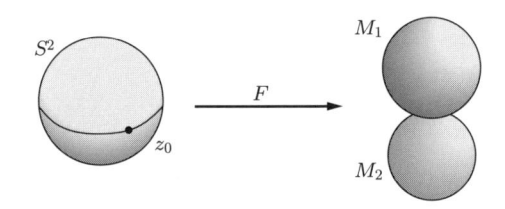

図 15.2　S^2 から z_0 を含む赤道を絞って1点にする

これらの定義だけでは，π_2 が群をなすかどうかは不明です．しかし，簡単な考察によって，群をなすことがわかります．実際，単位元は基点の近くに作られた内部に何ももたない小さな風船であり，逆元は，もとの風船の基点のところに小さな穴をあけて，風船全体を裏返して同じ場所においたものだと考えられます．

2次元のホモトピー群についての重要な性質として，この群がつねに可換群となることが挙げられます．このことを説明するために，S^2 を用いて定義した π_2 の要素を正方形 R によって定義し直します．球面は，正方形の境界 ∂R を1点にまとめたものと同相です．したがって，

[*1] 1次元のホモトピー群は基本群のことです．2次元以上はホモトピー群とよびます．

15.1 ホモトピー群の話 | 139

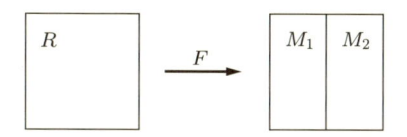

図 15.3 R による Π_2 の定義

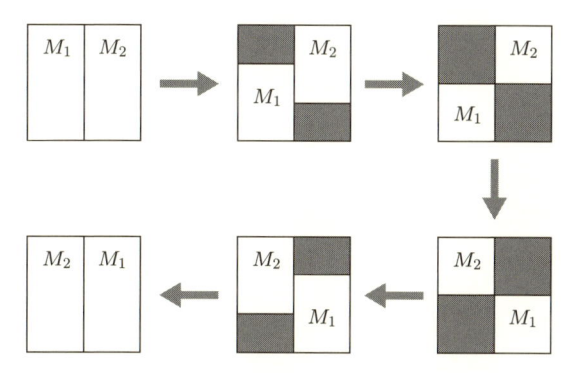

図 15.4 $\alpha\beta$ から $\beta\alpha$ へホモトピックに変化させる

$$\Pi_2 = \{\alpha \mid \alpha : R \to X, \partial R \text{ に含まれる任意の } z \text{ について } \alpha(z) = \mathrm{P}\} \tag{15.8}$$

と定義しても同じものが得られます．図 15.2 に対応する図をこの枠組みで描けば，図 15.3 のようになります．いま，ある $\alpha\beta$ がこの枠組みによって作られているとします．そのとき，図 15.4 に示すように，M_1 と M_2 をそれぞれ連続的に小さくして位置をずらし，入れ替えたあと，もとの大きさにすると，それによって構成される Π_2 の要素はホモトピックに変化します．ただし，黒い部分はすべて P へ写像されるとし，M_1，M_2 から X への連続写像 α, β は変えません．このように R から X への連続写像を変化させた場合，$\alpha\beta$ によって写像される風船の部分が変化するのではなくて，基点 P の付近における α と β のつながりの構造が変化するだけです．以上より，π_2 におけるそれぞれの要素は交換することがわかります．すなわち，π_2 は可換群となります．実は，この性質は，3 次元以上のすべてのホモトピー群についても成り立ちます．

一般のホモトピー群は，その作り方から位相不変量となります．したがって，位相空間の特徴づけをする場合の道具として使うことができます．本書で扱ったいくつかの面の解析をする場合には，2 次元以上のホモトピー群はあまり役に立ちませんが，もっと高次元の図形については，強力な道具となります．

15.2 特異ホモロジー群の話

つぎに，ホモロジー群を定義するための枠組みの拡張について述べます．鎖群や輪体群などを考える場合，対象とする位相空間に対して単体分割を施す必要がありました．そのため，たとえば，1次元のホモロジー群 H_1 は，厳密にいえば，複体を構成している三角形の境界上の辺をつないで輪にしたものが対象であり，三角形内部を通過するようなものは対象外です．もちろん，これで問題はないのですが，単体分割を仮定しないで，もっと自由に任意の輪を扱うための枠組みを以下に示します．

まず，基礎となる単体を定義しますが，これは基本的に第11章で定義したものと同様です．n 次元ユークリッド空間 $\mathbb{R}^n$ の原点を P_0 とします．また，n 本の軸の単位点

$$(0, 0, \ldots, 0, \underset{i\,\text{番目}}{1}, 0, \ldots, 0) \quad (i = 1, \ldots, n) \tag{15.9}$$

を，それぞれ $P_1, P_2, \ldots, P_n$ とします．これら $n+1$ 点によって張られる（すなわち，凸結合によって得られる）図形が n 次元標準単体とよばれるもので，これを Δ_n と書きましょう．n 次元標準単体 Δ_n には，$n+1$ 枚の面が存在し，その面は $n-1$ 次元単体なので，$n-1$ 次元標準単体を n 次元標準単体の中の面と対応させるために，以下の線形写像を定義します．

$$\varepsilon_n^j : \Delta_{n-1} \to \Delta_n \tag{15.10}$$

$$\varepsilon_n^j(P_i) = \begin{cases} P_i & (i < j) \\ P_{i+1} & (i \geq j) \end{cases} \quad (i = 0, 1, \ldots, n) \tag{15.11}$$

図 15.5 の左の部分に ε_1^j および ε_2^j の構造を示します．また，位相空間 X 上の特異 n

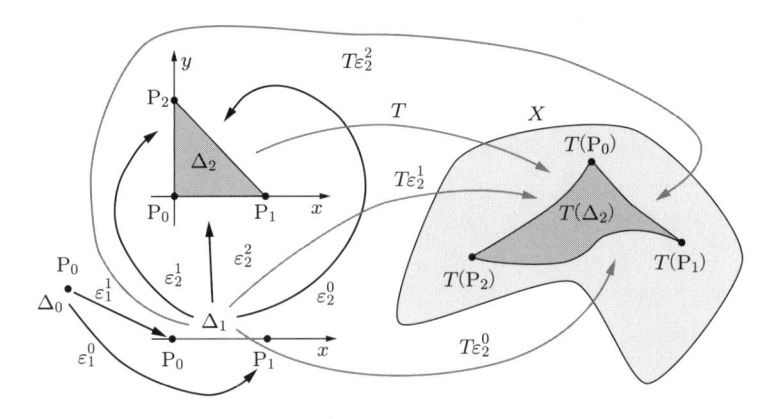

図 15.5 ε_1^j による面（頂点）の定義，ε_2^j による面（辺）の定義，および位相空間 X 上の特異2単体

単体 (singular n-simplex)（n 次元単体に対応するもの）は

$$T : \Delta_n \to X \tag{15.12}$$

として定義されます．ただし，T は連続写像です．図 15.5 の右の部分に特異 2 単体を示します．特異 n 単体は，第 11 章で定義した通常の単体と異なり，X の内部の構造ではなくて写像として定義します．したがって，T の像 ImT が同一であっても T は異なる可能性があります．このとき，特異 n 単体 T の境界は，

$$\partial T = \sum_{j=0}^{n} (-1)^j T \varepsilon_n^j \tag{15.13}$$

と定義します．∂T は Δ_{n-1} から X への連続写像となります．ここで注意しなければならないのは，ε_n^j について以下の性質が成り立つことです（図 15.6 参照）．

$$\varepsilon_n^j \varepsilon_{n-1}^i = \varepsilon_n^i \varepsilon_{n-1}^{j-1} \quad (i < j) \tag{15.14}$$

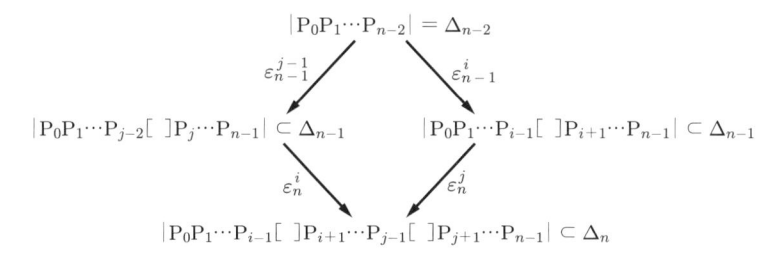

図 15.6　Δ_{n-2} に ε_{n-1} と ε_n を順に適用した場合，式 (15.14) が成り立つ．[ ] は点がない状態を表現している．左の経路では $i < j$ なので，ε_n^i を作用させることによって，i よりも大きい添字の点が一つ右にずれる．右の経路ではそれが起こらないので，二つの経路は一致する．

この性質を用いれば，

$$\begin{aligned}
\partial \partial T &= \partial \sum_{j=0}^{n} (-1)^j T \varepsilon_n^j = \sum_{j=0}^{n} (-1)^j \partial T \varepsilon_n^j = \sum_{j=0}^{n} (-1)^j \sum_{i=0}^{n-1} (-1)^i T \varepsilon_n^j \varepsilon_{n-1}^i \\
&= \sum_{j=0}^{n} \sum_{i=0}^{n-1} (-1)^{i+j} T \varepsilon_n^j \varepsilon_{n-1}^i = \left(\sum_{i<j} + \sum_{i \geq j} \right) (-1)^{i+j} T \varepsilon_n^j \varepsilon_{n-1}^i \\
&= \left(\sum_{i=0}^{n-1} \sum_{j=i+1}^{n} + \sum_{i=0}^{n-1} \sum_{j=0}^{i} \right) (-1)^{i+j} T \varepsilon_n^j \varepsilon_{n-1}^i \\
&= \sum_{j=1}^{n} \sum_{i=0}^{j-1} (-1)^{i+j} T \varepsilon_n^i \varepsilon_{n-1}^{j-1} + \sum_{i=0}^{n-1} \sum_{j=0}^{i} (-1)^{i+j} T \varepsilon_n^j \varepsilon_{n-1}^i
\end{aligned}$$

$$= \sum_{j'=0}^{n-1}\sum_{i=0}^{j'}(-1)^{i+j'+1}T\varepsilon_n^i\varepsilon_{n-1}^{j'} + \sum_{i=0}^{n-1}\sum_{j=0}^{i}(-1)^{i+j}T\varepsilon_n^j\varepsilon_{n-1}^i$$
$$= 0 \tag{15.15}$$

となり，境界作用素 ∂ を 2 回施すと 0 になるという基本的な性質が成り立ちます．ここで，図形 T の n 次元特異単体をすべて集めて，それらに整数係数を掛けて足したものの全体を $S_n(T)$ と書き，**特異 n 鎖群** (singular n chain group) とよびます．これは，以前説明した鎖群に対応するものですが，基底の数が無限個存在します．$S_n(T)$ の要素 c (これを**特異 n 鎖** (singular n chain) とよびます) が輪体となっている条件は，$\partial c = 0$ であり，このような要素をすべて集めたものが，**特異 n 輪体群** (singular n cyclic group) $Z_n(T)$ となり，さらに，$S_{n+1}(T)$ の要素 d の境界 ∂d をすべて集めたものが**特異 n 境界輪体群** (singular n boundary group) $B_n(T)$ となります．$\partial B_n(T) = \partial \partial S_{n+1}(T) = 0$ より，$Z_n(T) \supset B_n(T)$ となるので，これらを用いて，特異 n ホモロジー群は，

$$H_n(T) = Z_n(T)/B_n(T) \tag{15.16}$$

と定義することができます．

図 15.7 は，位相空間 X 上に定義された特異単体を模式的に示しています．上部にあるねじれた図形への 2 次元単体は標準単体 Δ_2 から X への連続写像であり，この写像がねじれた三角形へ写像されても 2 次元単体と考えます．したがって，特異 2 単体には非常に多くの形が含まれることになります．また，下部の穴のまわりの輪体 c

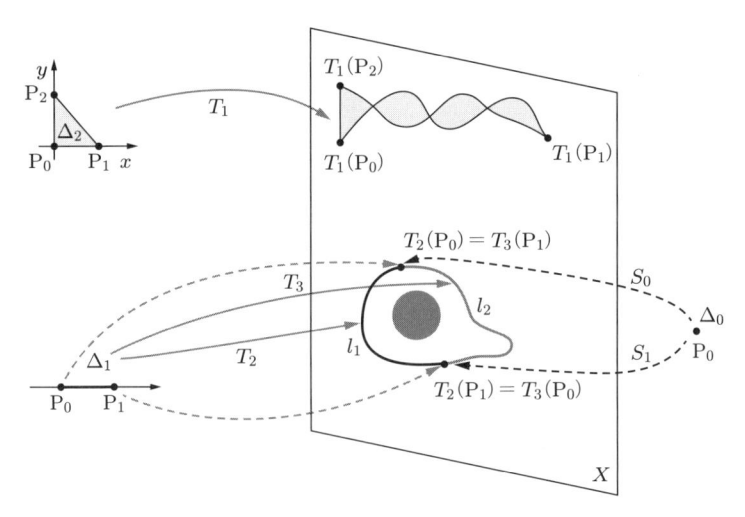

図 15.7 標準単体 $\Delta_0, \Delta_1, \Delta_2$ から位相空間 X への連続写像として定義される特異単体

は，二つの特異 1 単体 T_2, T_3 を用いて，

$$c = T_2 + T_3 \tag{15.17}$$

と表現されるとします．この場合，$T_2(P_0), T_2(P_1)$ で接続しているとすれば，この輪体の境界は，

$$\partial c = \partial T_2 + \partial T_3 = (S_0 - S_1) + (S_1 - S_0) = 0 \tag{15.18}$$

となり，われわれの直感と一致しています．

このように，ここで説明した特異単体は，本書で説明した通常の単体分割による単体とはまったく異なるものをかなり含んでいますが，特異単体から作られるホモロジー群は，単体分割から作られたホモロジー群と同じになることが知られています．ただし，ここで述べた構成は単体分割を仮定していないので，単体分割によるホモロジー群の拡張になっているといえます．

15.3 さらなる勉強のために

トポロジーとそれに関連のある分野について，さらにくわしく勉強するための参考文献をいくつか列挙します．まず，本書で扱った内容に比較的近い内容を同じ感じで説明している教科書として，以下の本があります．さらに被覆やリーマン面の話題を扱っています．

  [1] 難波 誠：群と幾何学，現代数学社，1997

集合と位相についての参考書としては，つぎの本が挙げられます．

  [2] 松坂 和夫：集合・位相入門，岩波書店，1968
  [3] 内田 伏一：集合と位相，裳華房，1986

また，位相幾何学について書かれている本としては，本書を書くにあたってもっとも参考にした

  [4] 杉原 厚吉：トポロジー，朝倉書店，2001

が挙げられます．本書では前半の位相幾何学の部分について述べましたが，文献 [4] では，さらに計算に関する内容が後半に出てきます．このほか，

  [5] 小宮 克弘：位相幾何入門，裳華房，2001
  [6] 菅原 正博：位相幾何学，培風館，1977
  [7] I. M. シンガー，J. A. ソープ：トポロジーと幾何学入門，赤 攝也監訳，松江広文，一楽重雄共訳，培風館，1976

などの教科書があります．特に，[5] の文献では展開図についてくわしく述べられています．本書では群論について扱いましたが，群論の教科書としては，

  [8] 浅野啓三，永尾 汎：群論，岩波書店，1965

があります．また，群論を含み，もっと広く代数学を扱った入門書としては，

  [9] 新妻 弘，木村 哲三：群・環・体入門，共立出版，1999
  [10] 桂 利行：代数学〈1〉群と環（大学数学の入門），東京大学出版会，2004
  [11] ファン・デル・ヴェルデン：現代代数学 1, 2, 3，銀林 浩訳，東京図書，1960

などがあります．

　本書ではあまり厳密な話をしませんでした．それは，厳密な話以前にこの分野のイメージをつかんでもらうことが重要であると考えたからです．ぜひ，大まかなイメージをつかんだあとは，上記のような本を手がかりに，より深い数学を楽しんでもらいたいと思います．

付録 A ε-δ 論法と連続性

　第 5 章で位相空間における連続性について説明しました．本章では，そこで説明した内容と，極限をとる操作について，多少くわしく考えてみます．実数のみを考えたときの連続性の定義は ε-δ 論法によって説明できますが，その説明と位相空間から位相空間への連続写像の定義がどのように関係するのかは，非常に興味深いことです．

A.1　数列の収束について

　まず，数列の収束について考えてみます．これは，このあと説明する ε-δ 論法への準備になります．考える対象は実数に限ることにします．ある実数値の数列を $\{a_n\}$ としましょう．この数列がある実数 α に収束するということはどういうことでしょうか．すなわち，

$$\lim_{n \to \infty} a_n = \alpha \tag{A.1}$$

ということです．このような記号は高校の数学などでも頻繁に出てきますが，あまり厳密な取り扱いはなされないようです．上記の式における ∞ は単なる記号であり，実数や整数や自然数の要素として ∞ が存在するということでは決してありません．これは重要なことです．もしそのように誤解されている人がいたら，考え方を改めてください．それでは，この式の意味はどういうことなのでしょうか．普通の言葉でいえば，「n を限りなく大きくしていくと，a_n は限りなく α に近づく」ということです．これを厳密に表現しなくてはなりません．この言葉の最初の「限りなく」という部分が ∞ に対応すると考えられますが，これは正確ではありません．

　まず，この言葉の意味をもう少し分析してみると，「限りなく近づく」ではなく「限りなく近づけることができる」と読むことができます．すなわち，われわれが「このくらいまで近づけてください」と要求すると，うまい n をもってきてそこまで近づけられるということです．もちろん，n が十分に大きければ近づけられると考えているので，「n がこれ以上大きければ，お望みの距離まで近づくよ」ということです．したがって，任意の ε に対して n の限界（ここでは下限：小さいほうの限界）がいつでも決まればよいことになります．この考察を式として書いてみれば，以下のようになり

ます[*1]。

$$\forall \varepsilon > 0, \exists n_0, \forall n \geq n_0, |a_n - \alpha| < \varepsilon \tag{A.2}$$

一番左に $\forall \varepsilon > 0$ があります．これが，どれだけ近づけるかを自由に決めてよいですよというサインになります．それが決まると，それに対して，n_0 が決定できますということです．これが $\exists n_0$ の部分で，そうして，「n_0 以上の n については，a_n と α の距離は，ε よりも小さいことを保証します」という式になっています．

この式には ∞ は出てきません．すべてはわれわれのよく知っている実数と整数の式で記述されています．これが収束するということにほかなりません．「限りなく $\cdots$」というような記述はわれわれにとって直感的ではあるのですが，正確ではありません．

たとえば，

$$\lim_{n \to \infty} \frac{n}{n+1} = 1 \tag{A.3}$$

という式をこの定義に照らし合わせて証明してみましょう．高校の数学では，普通このような式は直感的に処理され，あまりちゃんと "証明" されることはありません．この式の意味は，上記の方式で書けば，以下のようになります．

$$\forall \varepsilon > 0, \exists n_0, \forall n \geq n_0, \left| \frac{n}{n+1} - 1 \right| < \varepsilon \tag{A.4}$$

ここで，

$$\left| \frac{n}{n+1} - 1 \right| = \frac{1}{|n+1|} \tag{A.5}$$

です．したがって，式の最後の部分が成り立つための必要十分条件は，

$$\frac{1}{|n+1|} < \varepsilon \tag{A.6}$$

です．この式を変形すれば，

$$\frac{1}{\varepsilon} < |n+1| \tag{A.7}$$

となり，$n > 0$ ということを考え合わせれば，

$$\max \left\{ \frac{1}{\varepsilon} - 1, 0 \right\} < n \tag{A.8}$$

となり，以上より，

$$n_0 = \frac{1}{\varepsilon} \tag{A.9}$$

[*1] 記号 $\forall, \exists$ は論理学で用いられるものです．ある述語（ある変数の値を決めることによって真偽が決まる式）を $f(x)$ とおくと，$\forall x f(x)$ は x を現在考えている範囲で動かしたとき，あらゆる x について $f(x)$ が真であることを表します．同様にして，$\exists x f(x)$ は，動かす範囲の中の少なくとも一つの値 x_0 について $f(x_0)$ が真であることを表します．$\forall x \exists y f(x, y)$ は，$\forall x (\exists y f(x, y))$ のことであり，任意の x について x の値を一つ決めると，それに応じて $f(x, y)$ が真となるように y をとることができることを表しています．

とすれば，式 (A.4) の最後の部分はいつも正しいことになります．どんな $\varepsilon > 0$ を与えてもそれに対応して n_0 が決められればよいということですから，式 (A.4) は正しいことになります．

A.2 実数関数の連続性について

　数列とは，任意の自然数を与えたとき実数を出力する関数（写像）であると考えられますが，ここでの最終的なテーマは実数から実数への関数です．このような関数の場合，収束の考え方は上記の数列とは多少異なります．いま考えるのは，実数を入れたとき，実数を出力する関数です．この関数を f と書くことにして，実数 x を入れたときの出力が $f(x)$ であるとします．

　このとき，

$$\lim_{x \to \beta} f(x) = \alpha \tag{A.10}$$

とはどういうことでしょうか．これも普通の言葉で表現すれば，「x を限りなく β に近づけるとき，$f(x)$ は限りなく α に近づく」ということができます．この場合，「限りなく」という言葉が 2 回も出てきます．これを前述の数列の場合と同じように表現することを考えます．

　まず，「限りなく近づく」ではなく，「指定すればいくらでも近づけられる」という立場で考えてみます．「$|f(x) - \alpha|$ をいくらでも指定された大きさまで小さくできるよ」という意味だとわかります．ただし，どうやって近づけるのでしょうか．それは，x を β にうまく近づければよいわけです．すなわち，ある $\varepsilon > 0$ が指定されたときそれに応じて $\delta > 0$ という数を指定することができて，$|x - \beta|$ が δ よりも小さければ（すなわち，x と β の距離が δ より近ければ），$|f(x) - \alpha|$ を ε よりも小さくすることができる（すなわち，$f(x)$ と α の距離を ε よりも小さくできる）ということです．これを式で書いてみると，

$$\forall \varepsilon > 0, \exists \delta > 0, |x - \beta| < \delta \implies |f(x) - \alpha| < \varepsilon \tag{A.11}$$

と書くことができます．これが，「ε-δ 論法」とよばれているものです．ここには，∞ は出現しません．

　ここで，簡単な例として

$$\lim_{x \to 1} \frac{x}{1+x} = \frac{1}{2} \tag{A.12}$$

を証明してみましょう．この場合，考察すべき量は

$$L = \left| \frac{x}{1+x} - \frac{1}{2} \right| = \frac{1}{2} \left| \frac{x-1}{x+1} \right| \tag{A.13}$$

です．この量が ε よりも小さくなるようにするには，どの程度 δ を小さくすればよいかを調べればよいことになります．すなわち，$x = 1 \pm \delta$ とおくと，

$$L = \frac{1}{2}\left|\frac{\pm\delta}{2\pm\delta}\right| = \frac{\delta}{2|2\pm\delta|} = \frac{1}{4}\frac{\delta}{|1\pm\delta/2|} \tag{A.14}$$

と書くことができます．$0 < \varepsilon < 1/4$ のとき，$\delta = 2\varepsilon$ とおけば，

$$L = \frac{\delta}{|1\pm\delta/2|} < \frac{1}{4}\frac{2\varepsilon}{|1\pm\delta/2|} < \frac{1}{4}\cdot 2\varepsilon \cdot 2 = \varepsilon \tag{A.15}$$

となります．一方，$\varepsilon \geq 1/4$ のとき，$\delta = 1/2$ とおけば，

$$L = \frac{1}{4}\left|\frac{\frac{1}{2}}{1\pm\frac{1}{4}}\right| < \frac{1}{4}\cdot\frac{4}{3}\cdot\frac{1}{2} = \frac{1}{6} < \frac{1}{4} \leq \varepsilon$$

となります．この結果から，任意の ε が与えられたとき，$\delta = \min\{2\varepsilon, 1/2\}$ とすれば，$x/(1+x)$ と $1/2$ の距離は ε よりも小さくすることができることがわかります．

A.3 位相空間上の関数としての連続性と lim による連続性

極限の定義がしっかりとできましたので，つぎに連続性について考えてみます．ある実数値関数 f が x_0 で連続であるということは，つぎのように定義されます．

$$\lim_{x \to x_0} f(x) = f(x_0) \tag{A.16}$$

これは，x_0 にパラメータを近づけていったとき，その値が x_0 での値 $f(x_0)$ に近づくということです．この定義は非常に直感に訴えるものであり，「連続である」ということそのものです．すなわち，その場所でジャンプがないことを保証するのが，この定義です．

さて，第 5 章で説明したように，位相空間上で連続であるという定義は，上記の定義とは多少趣きを異にしていました．復習です．

> 位相空間 A から B への写像 f が A のある 1 点で連続であるとは，B における $f(a)$ の任意の近傍 P の原像 $f^{-1}(P)$ がつねに a の近傍になっていることである．

ある実数関数について，このことが成り立っている場合に，ε-δ 論法的に連続性が成り立っているということを証明してみましょう．実数における近傍としては ε 近傍を考えてみます．もちろん，ε 近傍を含む集合はすべて近傍となります．実数から実数への関数 f が，x_0 において上記の位相空間としての連続性を満たしているとします．すなわち，$f(x_0)$ の近傍の原像がいつでも x_0 の近傍になっているということで

す．いま，近傍として，$N_\varepsilon(f(x_0))$ をとります．すると，位相空間としての連続性から，原像 $f^{-1}(N_\varepsilon(f(x_0)))$ が x_0 の近傍になっていることがわかります．この領域を M とおきましょう．M は x_0 近傍であるので，その内部に含まれる形で x_0 を含んで適当な開集合をとることができます．さらに，その開集合の内部に適当な $\delta > 0$ を用いて，x_0 を含んで δ 近傍 $N_\delta(x_0)$ をとることができます．これは内部 M の内部であることから，

$$x \in N_\delta(x_0) \Rightarrow f(x) \in N_\varepsilon(f(x_0)) \tag{A.17}$$

となっています．ここで，ある点の ε 近傍とは，その点からの距離が ε よりも小さい点の集合ですから，上の式は，

$$|x - x_0| < \delta \Rightarrow |f(x) - f(x_0)| < \varepsilon \tag{A.18}$$

と書き換えることができます．ここで，ε の選び方は自由で，それによって，δ が選択できたので，式で書けば，

$$\forall \varepsilon > 0, \exists \delta > 0, |x - x_0| < \delta \Rightarrow |f(x) - f(x_0)| < \varepsilon \tag{A.19}$$

と書くことができます．この式は，前述の極限の式で書けば，

$$\lim_{x \to x_0} f(x) = f(x_0) \tag{A.20}$$

と書けるので，われわれのよく知っている連続性と一致することになります．

一方，われわれの知っている実数関数としての連続性が成り立っているとした場合に，位相空間としての連続性は成り立つでしょうか．これは別途考えなければなりません．f が x_0 で連続であるということは，任意の ε について δ を決めることができて，$|x - x_0| < \delta \Rightarrow |f(x) - f(x_0)| < \varepsilon$ とできることです．ここで，$f(x_0)$ の位相空間としての近傍を P とおきます．すると，$f(x_0)$ を含んで P に含まれる開集合が存在します．これは実数値なので，開区間ということになります．この開区間の内部に適当な ε を用いて，$f(x_0)$ を含むように ε 近傍 $N_\varepsilon(f(x_0))$ をとることができます．実数としての連続性が成り立っていることから，このような ε に対して，δ を選択することができて，

$$|x - x_0| < \delta \Rightarrow |f(x) - f(x_0)| < \varepsilon \tag{A.21}$$

とできます．このような δ を用いて，

$$f(N_\delta(x_0)) \subseteq N_\varepsilon(f(x_0)) \subseteq P \tag{A.22}$$

と書くことができるので，これより，

$$f^{-1}(P) \supseteq N_\delta(x_0) \supseteq \{x_0\} \tag{A.23}$$

となります．$N_\delta(x_0)$ が開集合であることから，$f^{-1}(P)$ は x_0 の近傍です（位相空間上の近傍を定義を思い出してください）．よって，写像された先の要素の近傍の原像は，もとの点の近傍になっていることがわかります．したがって，f は x_0 において位相空間上の写像として連続となります．

以上より，われわれが直感的に認められる実数関数としての連続性と，位相空間としての連続性は一致することがわかりました．位相空間の定義やその上の連続性の定義は抽象的でわかりづらい面がありますが，それがわれわれの常識的な感覚と一致するように定義されているということは，ある意味で驚きでもあります．

付録 B 射影空間と射影変換

ユークリッド平面を射影化という方法で拡張した空間を定義し，その上で定義される曲線の性質を調べます．扱う空間がユークリッド平面の拡張であることから，方程式を利用して曲線を記述することができます．また，これらの空間は，これまで本書で扱ったトーラス，射影平面といった抽象的な閉曲面の具体例になっています．

B.1 反比例のグラフは連続か

第6章では射影平面などを展開図で定義し，それ以降の章でそれらの位相的性質を解析しました．位相空間の貼り合わせによって定義したことにより，読者は射影平面などが不自然で人工的なものであると感じたかもしれません．しかし，この章で説明するように，射影平面はごく自然なものであり，われわれの身の回りに普通に存在するものです．本章では，本書で扱ったトーラス，射影平面，球面などの閉曲面を抽象的な位相空間として見るのではなく，座標系の入ったユークリッド平面の拡張として考え，その上の経路などを考えることによって，これまで見てきた抽象的な位相空間で起こっていた現象がわれわれの身近な現象でもあることを見ていきます．

反比例の曲線 $y = 1/x$ から話を始めます．この曲線のグラフを描くと図 B.1 のようになり，$x = 0$ で不連続になります．そもそも 1 を 0 で割ることができないので，

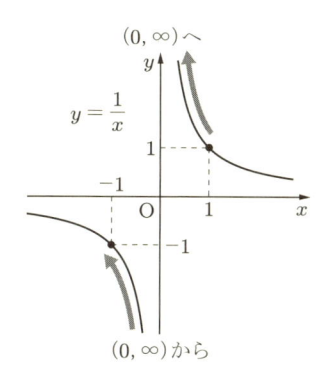

図 B.1　$y = 1/x$ のグラフ

$x=0$ では値が定義されません．$x=1$ から連続的に x を 0 に近づけていくと，y の値はいくらでも大きくなっていきます．x が 0 になったとき，y の値は定義されなくなり，x が負になったとき，急に y の値はマイナス方向から出現して徐々に x 軸に近づいていきます．x, y の値の範囲として実数を考えている限り，$x=0$ でこの曲線は値をとることができず，グラフは不連続なものとなります．中学校や高等学校でこのような曲線を目にした場合，x の値を $1 \to 0 \to -1$ と動かしたとき，y の値が $1 \to \infty$（無限大）$\to -1$ と連続的に変化すればよいのではないかと考えることは，物事を単純化して考えようとする考え方からすれば自然な発想です．二つの部分に分けて扱うよりも，ひと続きのグラフとして扱うほうがずっと単純です．図 B.1 を見ると，無限大から -1 へ至る経路は $-\infty \to -1$ とすべきであると感じるかもしれませんが，グラフを連続にするためには $-\infty$ と ∞ を一致させる必要があり，結局，一致させたものを改めて ∞ と書けば，前述のようになります．しかし，残念なことに，実数の範囲で考えている場合に ∞ を持ち出すのは正しくありません．そこで，ここでは，∞ が付加された実数の集合を考え，その上で改めてこの曲線について考えてみます．

B.2 ユークリッド平面の射影化

「射影化」という手法を用いて，実数の集合 $\mathbb{R}$ に ∞ を付加してみます．∞ は 0 から見ると無限に遠くにあるので，実数の部分の性質を変えずに ∞ を含めて距離空間とするのは無理そうです．それは，0 と ∞ の距離が限りなく大きくなってしまい，実数値でなくなるからです．しかし，これから述べるように，位相空間と考えることは問題がありません．以下に射影化のプロセスを述べます．

まず，実数ではなく実数の組を考えます．これは，ユークリッド平面上の点と考えても問題ありません．$(0,0)$ でない二つの実数の組 (x, y) について，この実数値の「比」が同じであれば「同じである」と定義します．すなわち，同じであるという関係を $\sim$ で表せば，0 でない任意の実数 λ と $(0,0)$ でない実数の組 (x, y) について，

$$(x, y) \sim (\lambda x, \lambda y) \tag{B.1}$$

と定義します．このように定義すると，$\sim$ は同値関係となります．図で描けば，$\sim$ によって作られる同値類は，原点を通るある傾きをもった直線から原点を取り除いたものです．このような比による同値関係 $\sim$ によって作られる同値類を適当な代表元 (x, y) を用いて座標として表現したものを，**同次座標** (homogenous coordinate) とよびます．

$\mathbb{R}^2$ を同値関係 $\sim$ で割った集合がここで作りたかった集合です．$y \neq 0$ のとき，それぞれの同値類の代表元を $(x/y, 1)$ とすれば，実数値 x/y に対応づけることができま

す．逆に，任意の実数 x に対して，$(x, 1)$ を含む $\sim$ による同値類を対応づければ，同値類を一つ決めることができます．このようにして，この集合には実数がすっぽり埋め込まれていることがわかります．

一方，$y = 0$ の場合，任意の実数 λ について $(x, 0) \sim (\lambda x, 0)$ であり，y 座標を 1 にできないので，対応する実数が存在しません．また，任意の $(0, 0)$ でない二つの実数の組 $(x, 0), (y, 0)$ は，$(x, 0) = ((x/y) \cdot y, 0) \sim (y, 0)$ と互いに同値になるので，これらは一つの同値類を構成することがわかります．これは，図 B.2(a) における傾き 0 の水平な直線に対応します．以上より，この実数の組はほとんど実数の集合 $\mathbb{R}$ の要素と同じなのですが，実数でない特殊な要素（この要素を ∞ と書きます）が一つ付加されたものとなります．この集合を $P(\mathbb{R})$ と書けば，

$$P(\mathbb{R}) = \mathbb{R} \cup \{\infty\} \tag{B.2}$$

と表すことができます．このように，$\mathbb{R}^2$ から $P(\mathbb{R})$ を得るプロセスを $\mathbb{R}^2$ の**射影化** (projectivization) とよびます．また，ここで，この空間 $P(\mathbb{R})$ を **1 次元実射影空間** (one dimensional real projective space) とよびます．ここで述べた射影化のプロセスを本書で説明した言葉で表し直せば，以下のようになります．

ユークリッド平面 $\mathbb{R}^2$ から $(0, 0)$ を取り除いた集合の上に，比による同値関係 $\sim$ を定義し，それに関する同値類を作ると，ユークリッド平面の射影化が得られる．

（a）

（b）$\mathbb{R}^2/\sim$ の同値類の代表元を並べたもの

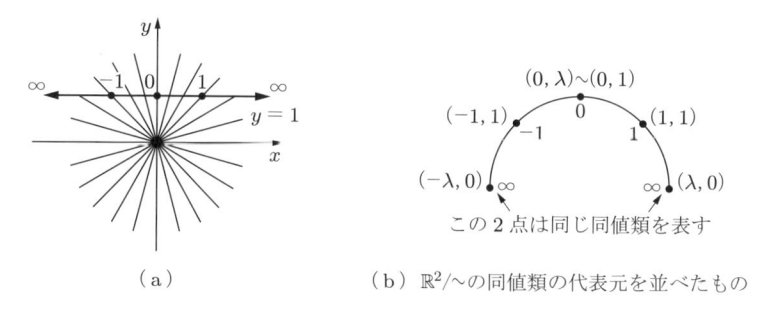

図 B.2 $\mathbb{R}^2/\sim$ のイメージ

$P(\mathbb{R})$ は，実数の集合 $\mathbb{R}$ のようにすべての要素について大小比較できる全順序集合にはなりませんが，位相空間にはなります．すなわち，この集合の上に開集合族を定義することができます．$P(\mathbb{R})$ は同値関係によって定義されているので，6.2 節で定義したように，$P(\mathbb{R})$ の開集合族は

$$\mathcal{O} = \{O \subseteq \mathbb{R}^2/\sim \ | \ \phi^{-1}(O) \text{ は } \mathbb{R}^2 \text{ で開集合}\} \tag{B.3}$$

となります．ただし，ϕ は $\mathbb{R}^2$ から $\sim$ の同値類への写像を表します．この定義より，通

常の実数の開集合に加えて ∞ を含む．たとえば，$\{x \mid x > 2\} \cup \{\infty\} \cup \{x \mid x < -2\}$ も開集合となります．結局，図 B.2(b) にあるように，この集合は，実数軸で考えたとき，右端と左端を ∞ という追加された要素でつないだ円環の構造になっていることがわかります．

B.3 $P(\mathbb{R})^2$ 上の曲線について

さて，x 軸と y 軸を $\mathbb{R}$ から前述の $P(\mathbb{R})$ に替えた空間で，いくつかの方程式の表す曲線を考えてみます．この空間は，$P(\mathbb{R})$ の点のペアによって表現できるので，$P(\mathbb{R})^2$ と書くことができます．前述のように，$P(\mathbb{R})$ は円環の構造と同相なので，この空間はトーラスと同相ということになります．ここからは，そのことを念頭において読んでください．

まず，直線の方程式です．原点を通る直線の方程式は $y = ax$ と表現できます．ただし，y 軸と一致する直線は $x = 0$ と表現します．これらの直線はつねに原点を通るループとなります．このとき，注意深く考えると，傾き a を連続的に変化させて $y = -x$ から $y = x$ へ動かす変形は，ホモトピックな変形とはなりません．

なぜならば，$a \neq 0$ のとき，ループは (∞, ∞) を通過しますが，$a = 0$ のときは $(\infty, 0)$ を通過するからです．すなわち，a を連続的に -1 から 1 まで動かしたとき，$a = 0$ で通過点がワープすることになるからです．これは，原点を基点と考えれば，直線 $y = 0$ が 9.4 節で説明した h の経路に対応し，$y = ax$ $(a \neq 0)$ は vh に対応することからわかります（図 B.3 参照）．

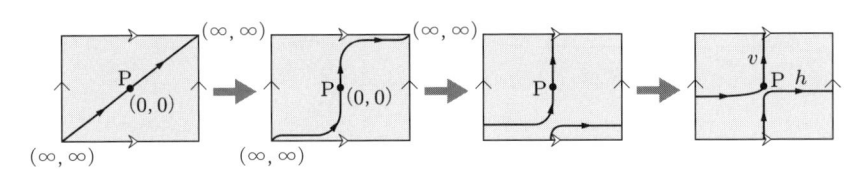

図 B.3　$P(\mathbb{R})^2$ 上の直線 $y = ax$ $(a > 0)$ がトーラス上の経路として vh に対応する理由

つぎに，B.1 節で取り上げた $y = 1/x$ について考えます．この場合，$(1, 1)$ から $(1, 1) \to (0, \infty) \to (-1, -1) \to (\infty, 0) \to (1, 1)$ という経路で $(1, 1)$ へ戻れるので，原点 $(0, 0)$ から $(1, 1)$ へ細い経路をつなげば，原点を基点とする経路を作ることができます（図 B.4 参照）．同次座標で考えると，$P(\mathbb{R})$ を走査する点は，パラメータ $0 \leq \theta < \pi$ を用いて，

$$x = (\cos\theta, \sin\theta) \tag{B.4}$$

とおけばよいことがわかります（$\theta = 0$ のとき ∞ を表し，$0 < \theta < \pi$ のとき $\cot\theta$

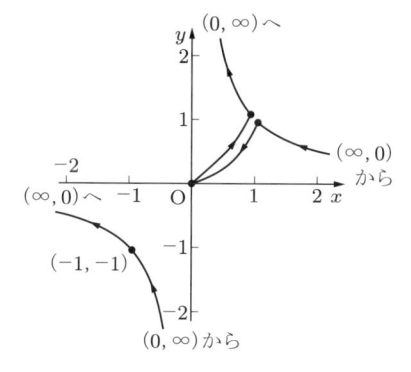

図 B.4　$P(\mathbb{R})^2$ の上の曲線 $y = 1/x$ によるループ

を表します).同様にして,y についても,$0 \leq \varphi < \pi$ として $y = (\cos\varphi, \sin\varphi)$ とおくことができます.このように定義すると,曲線 $y = 1/x$ 上の点については,$\cos\theta : \sin\theta = \sin\varphi : \cos\varphi$ が成り立ち,∞ も含めて

$$\cos\theta \cos\varphi - \sin\theta \sin\varphi = \cos(\theta + \varphi) = 0 \tag{B.5}$$

が成り立つことがわかります.θ と φ の範囲を考えれば,これらが満たすべき条件は,$\theta + \varphi = \pi/2, 3\pi/2$ となります.ここで,この曲線をホモトピックに変形することを考えます.ここでは,パラメータ $0 \leq \eta < \pi$ を用いて

$$\theta + \varphi = f\left(\frac{\pi}{2} + \eta\right),\ f\left(\frac{3\pi}{2} + \eta\right) \tag{B.6}$$

と定義します.ただし,$f(x) = x - n\pi$ ($n\pi \leq x < (n+1)\pi$,n は整数) とします.図 B.5 に示すように,η を 0 から π まで動かすと,それに従って,θ と φ が変化し,さらにそれに従って,$P(\mathbb{R})^2$ 上の曲線が変化します.この結果,もとの $y = 1/x$ と同じものに戻りますが,連続的に動かせば,点 $(1,1)$ は $(-1,-1)$ へ移動します.このため,基点 $(0,0)$ から $(1,1)$ へつながっていた点は,ホモトピックに $(-1,-1)$ へ移動し,結果としてこの曲線は $h^{-1}v$ になっていることがわかります.すなわち,図 B.4 に示す $(0,0)$ を基点とするループに vh^{-1} が対応するので,$vh^{-1} = h^{-1}v$ が成り立つことがわかり,この式の両辺に左右から一つずつ h を掛けることによって,$hv = vh$ が得られます.以上より,9.4 節で図を描くことにより得た結果を,$y = 1/x$ を考えることによって導くことができました.

(a) $\theta + \pi = \pi/2, 3\pi/2$ のグラフ (b) パラメータ η を用いた $\theta + \varphi = f(\pi/2 + \eta), f(3\pi/2 + \eta)$ のグラフ

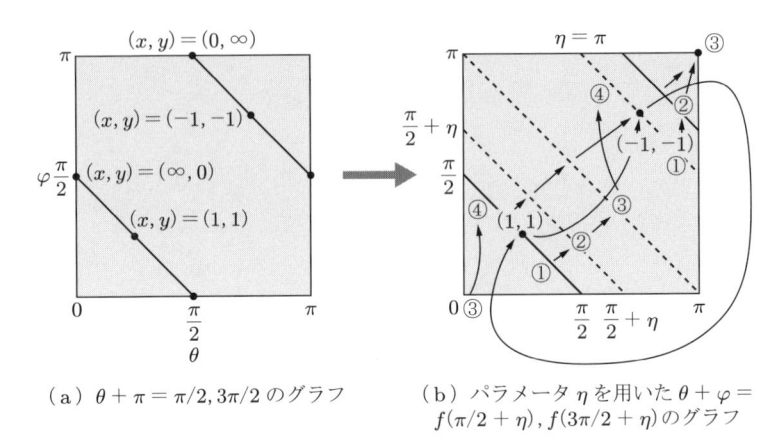

図 B.5　(a) のグラフからスタートして，(b) のグラフのようにパラメータ η を 0 から π まで連続的に変化させると (a) と同じグラフに戻るが，$P(\mathbb{R})^2$ 上の $(1,1)$ は連続的に $(-1,-1)$ へ移動する．

B.4　射影平面 $P^2(\mathbb{R})$ 上の曲線について

さて，前節までは二つの 1 次元射影空間の直積を扱いました．本節では，3 次元ユークリッド空間 $\mathbb{R}^3$ から 2 次元射影空間（すなわち射影平面）を作ってみます．作り方は 1 次元射影空間と同様ですが，今度は $\mathbb{R}^3$ の点を (x, y, z) として表現し，これを同次座標として用います．具体的には，以下のような同値関係 $\sim$ を定義します．

$$(x, y, z) \sim (x', y', z')$$
$$\Leftrightarrow \text{ある } 0 \text{ でない実数 } \lambda \text{ が存在して } (x', y', z') = (\lambda x, \lambda y, \lambda z) \quad \text{(B.7)}$$

$\mathbb{R}^3$ を $\sim$ で割った空間が **2 次元実射影空間** (two dimensional real projective space) $P^2(\mathbb{R})$ です．この空間は，**射影平面** (projective plane) ともよばれます．これは，第 6 章で定義した位相空間としての射影平面と同相になります．

この空間の定義としてはこれだけですが，われわれの直感に合わせるために，この中に含まれる $\mathbb{R}^2$ を取り出してみます．同次座標 (x, y, z) について $z \neq 0$ であれば，この同次座標に $\mathbb{R}^2$ の点 $(x/z, y/z)$ を対応させます．この点は，(x, y, z) を含む同値類にやはり含まれる $(x/z, y/z, 1)$ を代表元として選んでいることにほかなりません．$P(\mathbb{R})$ の場合と同様に，$P^2(\mathbb{R})$ を構成する同値類は原点を除いた $\mathbb{R}^3$ の直線であり，代表元としてこの直線と平面 $z = 1$ との交点を選択していることになります（図 B.6 参照）．

これに対して，$z = 0$ の場合，同次座標は $(x, y, 0)$ と表現されます．これは $\mathbb{R}^2$ の

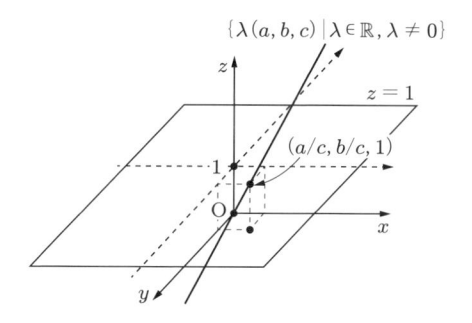

図 B.6　$\mathbb{R}^3$ から $\mathrm{P}^2(\mathbb{R})$ を導出する

点としては表現できません．また，$\mathrm{P}(\mathbb{R})$ の場合と異なり，このような点は無数に存在します．たとえば，$(1,2,0)$ と $(2,1,0)$ は異なる同値類に含まれます．$\mathbb{R}^3$ の中の原点を通る直線のうち，平面 $z=1$ に平行な直線はこの平面と交点をもちません．したがって，$\mathbb{R}^2$ の点としては表現できませんが，この直線に対応する点は確かに $\mathrm{P}^2(\mathbb{R})$ の点であり，これは直感的にはある方向について無限に遠くにある点を表すことになります．この点を「無限遠点」とよぶことにしましょう．この場合，方向によってそれぞれ点は異なります．図 B.6 で $z=1$ と平行な直線の傾きは 360 度自由にとれるのですが，z 軸を中心に 180 度回転させるともとの直線に一致してしまうことに注意してください．すなわち，無限遠点はその点を 180 度回転させた方向の無限遠点と一致します．第 6 章の図 6.9 で示したように，空間の展開図としてみれば，無限遠点によってその方向の無限遠とちょうど 180 度ずれた方向の無限遠が結ばれていることになります．ですから，ここで定義した射影平面と第 6 章で定義した射影平面は，同じ構造をもっていることになります．

別の見方をすれば，$\mathrm{P}^2(\mathbb{R})$ の点は $\mathbb{R}^3$ の中の半球面に対応させることができます．ただし，赤道の部分は 180 度回転した点が貼り合わされているということです．ですから，図 B.7 のように同相に変形していけば，第 6 章で定義した射影平面が得られます．

射影平面は，文字どおり 3 次元空間の物体を 2 次元に映し出した投影面であると考

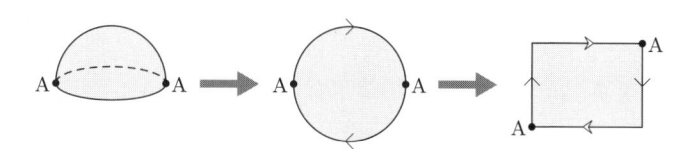

図 B.7　半球面を同相に変形して射影平面を導出する

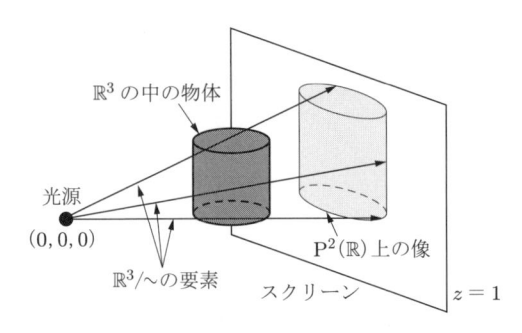

図 B.8　$\mathbb{R}^3$ の中の図形を射影するスクリーンとしての射影平面の解釈

えることができます．すなわち，図 B.8 に示すように，平面 $z=1$ をスクリーンだと考え，原点を光源であるとすれば，3 次元空間に配置したものの像をスクリーンに投影している形になります．投影したイメージは 3 次元空間中にものをどのようにおくかによって変化します．この「おき方」は回転などによって表現できますが，射影平面上の点を射影平面上の点へ移す写像として，**射影変換** (projective transformation) があります．これは，$\mathbb{R}^3$ の変換として見たとき，線形変換になっている変換のことです．すなわち，射影変換 F は，同次座標 $p=(x,y,z)^\mathrm{T}$ で表された点（ここでは同次座標を縦ベクトルで表現します）を，適当な 3×3 行列 A によって，同次座標 Ap で表される点に対応させるものです．同次座標 p が表現する同値類は，実数 $\lambda \neq 0$ を用いて λp と表現される点の全体ですが，これはそれぞれ $A(\lambda p) = \lambda Ap$ となり，同次座標 Ap で表される同値類と一致します．

さて，$\mathrm{P}^2(\mathbb{R})$ 上の直線について考えてみます．埋め込まれた $\mathbb{R}^2$ 上の直線の方程式を適当な実定数 a,b,c を用いて $ax+by=c$ とおけば，同次座標では

$$a\frac{x}{z}+b\frac{y}{z}=c \tag{B.8}$$

と表現できるので，これは $ax+by-cz=0$ と書けます．$-c$ を改めて c と置き換えれば，射影平面上の直線は $ax+by+cz=0$ となります．これは $\mathbb{R}^3$ で眺めると，原点を通るある平面になっています．すなわち，$\mathrm{P}^2(\mathbb{R})$ の直線は平面 $z=1$ とこの方程式で表現される平面の交わりであると解釈できます．ここで問題になるのは，$a=b=0$ の場合，すなわち，$z=0$ とこの平面が平行になる場合です．この場合，この直線に含まれる点（$\mathbb{R}^3$ で考えれば原点を通る直線）はすべての無限遠点となります．すなわち，すべての無限遠点によって構成される集合は，$\mathrm{P}^2(\mathbb{R})$ の直線になります．このような直線は，第 10 章で説明した射影平面上のループとしては，基点からスタートして 1 回展開図の辺まで到達して反対の側から基点に戻るループ（図 10.1 (b) (c)）に対応します．

これに対して，基点から出て展開図の辺を経ないで基点へ戻るループ（図 10.1 (a)）に対応する円について考えてみます．円の方程式は，$\mathbb{R}^2$ 上では，$c > 0$ として $x^2 + y^2 = c^2$ のように書けます．これを同次座標で書けば，

$$\left(\frac{x}{z}\right)^2 + \left(\frac{y}{z}\right)^2 = c \tag{B.9}$$

となり，これを変形すれば，$x^2 + y^2 - cz^2 = 0$ となります．$\mathbb{R}^3$ では，この方程式は図 B.9 (a) に示すような円錐面を二つつなぎ合わせた形をしています．したがって，$\mathrm{P}^2(\mathbb{R})$ の円はこの円錐面と平面 $z = 1$ の交わりであるといえます．この円錐面を $\mathbb{R}^3$ の中で原点を中心に回転させることは，$\mathrm{P}^2(\mathbb{R})$ では射影変換することです．図 B.9 (b) のように回転すると，曲線は二つの部分に分かれた曲線になります．回転は連続的な操作であり，$\mathrm{P}^2(\mathbb{R})$ 上のホモトピックな変形になっています．この変形は抽象的な射影平面の上で図 10.2 に示した変形に対応しています．基点から 2 周して基点に戻るループは，つなぎ合わされた円錐面の二つの部分との交わりが見えていたともいえます．この円錐面は，図 B.9 (c) のように細くホモトピックに変形することができ，これによってループを 1 点になるまでホモトピックに変形できます．

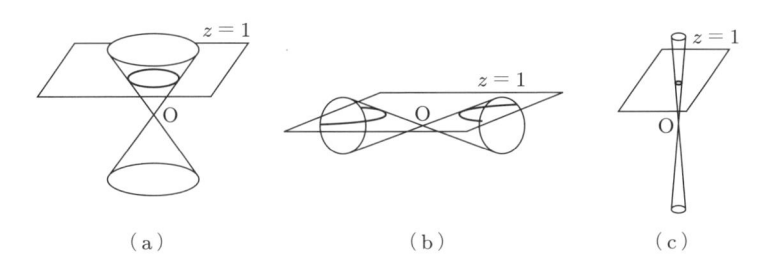

図 B.9　$\mathrm{P}^2(\mathbb{R})$ の 2 次曲線は円錐面と平面 $z = 1$ との交わりであると解釈できる

一般に，x 軸方向と y 軸方向の縮尺をそれぞれ変えることにより，$\mathrm{P}^2(\mathbb{R})$ の 2 次曲線（楕円，放物線，双曲線）は，すべて円錐面と平面 $z = 1$ の交わりとして表現できることが知られています．$\mathbb{R}^2$ の範囲で見たときまったく形状の違う曲線は，皆同じ一種類の曲線であったということです．

B.5　リーマン球面上の曲線について

この付録の章では，$\mathbb{R}^2$ や $\mathbb{R}^3$ の射影化によって得られたユークリッド平面の拡張である $\mathrm{P}(\mathbb{R})^2$ や $\mathrm{P}^2(\mathbb{R})$ の上の曲線について，その基本的な性質を眺め，それが本書で扱った位相空間の結果と一致することを見ました．この節では，射影化による複素平面 $\mathbb{C}$ の拡張について解説して，この章を締めくくることにします．

複素平面 $\mathbb{C}$ は，$z = x + iy$ $(x, y \in \mathbb{R},\ i = \sqrt{-1})$ という形で表される複素数の集合です．任意の複素数は平面上の座標であると見ることができ，同時に数どうしの四則演算が定義されています．この集合の直積 $\mathbb{C}^2$ を射影化することによって，**リーマン球面** (Riemann sphere) $P(\mathbb{C})$ が得られます．やり方は $P(\mathbb{R})$ の場合と同様で，同値関係 $\sim$ を

$$(z_1, z_2) \sim (z_1', z_2')$$
$$\Leftrightarrow\ \text{ある複素数 } \lambda \neq 0 \text{ が存在して } z_1 = \lambda z_1' \text{ かつ } z_2 = \lambda z_2' \quad (B.10)$$

として定義します．ほとんどの点は $(z_1/z_2, 1)$ によって複素数と対応づけることができますが，$(z_1, 0)$ という形のものは複素数に対応づけることができません．さらに，この形の要素は互いに同値であり，それを ∞ と表現します．すなわち，$P(\mathbb{C}) = \mathbb{C} \cup \{\infty\}$ となります．また，もともと $\mathbb{C}$ は 2 次元の広がりをもった集合であり，$z_1 \neq 0$ のとき $\lim_{z_2 \to 0} z_1/z_2 = \infty$ であることから，あらゆる方向の無限遠は 1 点 ∞ で連結されます．したがって，この集合は球面と同相です（図 B.10 参照）．

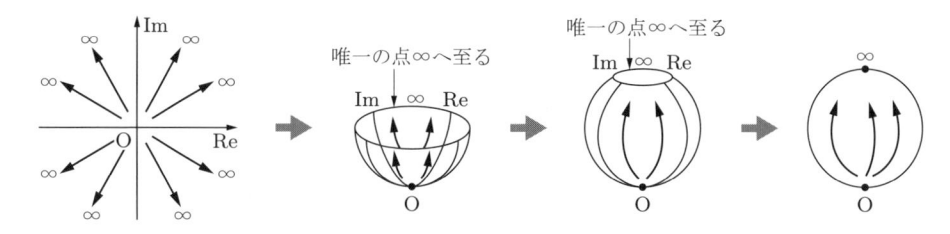

図 B.10 $P(\mathbb{C})$ の要素 ∞ は球面の極で，あらゆる方向の直線を接続する

$P(\mathbb{C})$ 上の曲線を考えましょう．任意の曲線は，その曲線上にない点 $\beta \notin \mathbb{R}$ を選ぶことができれば（平面を埋めつくすような病的な曲線でなければ大丈夫です），それを用いて変換 $w = 1/(z - \beta)$ によって $\mathbb{C}$ の別の曲線へ移すことができます．パラメータ $0 \leq r \leq 1$ を用いて連続的に 0 から 1 へ変化させながら，変換

$$w = f_r(z) = \frac{r + (1-r)z}{r(z - \beta) + (1-r)} \quad (B.11)$$

を考えると，$f_0(z) = z$，$f_1(z) = 1/(z - \beta)$ となり $f_r(z)$ は連続的に変化するので，じわじわと β は ∞ に移動して，曲線上の点は ∞ を通らなくなります．すなわち，$\mathbb{C}$ に含まれることになります．さらに，$w = g_s(z) = sz$ によって，s を 1 から 0 へじわじわと変化させれば，結局この曲線は原点に一致することになります．f_r と g_s は連続的に変化するので，あらゆる曲線は 1 点とホモトピックです．これは，演習問題 9.2 で見たとおり，球面の基本群が単位元だけの群 $G = \{e\}$ であることに対応しています．

演習問題解答

演習問題 2

2.1 集合の定義より，以下のようになる． $S \cap T = \{d, f\}$, $S \cup T = \{a, b, c, d, e, f, 2, 6, t, w, m, g\}$

2.2 (1) まず，$(A \setminus B) \setminus C \subset A \setminus (B \cup C)$ を示す．$x \in (A \setminus B) \setminus C$ と仮定すると，$x \in A \setminus B$ かつ $x \notin C$ が成り立つ．さらに最初の条件より，$x \in A$ かつ $x \notin B$ を得る．これより，$x \notin B \cup C$ が得られ，$x \in A$ なので，$x \in A \setminus (B \cup C)$．一方，$(A \setminus B) \setminus C \supset A \setminus (B \cup C)$ については，$x \in A \setminus (B \cup C)$ を仮定することにより，$x \in A$ かつ $x \notin B \cup C$ が得られる．これより，$x \notin B$ かつ $x \notin C$ であり，$x \in A \setminus B$ かつ $x \notin C$ が得られるので，$x \in (A \setminus B) \setminus C$ となる．以上より，この等式は証明された．

(2) まず，$A \setminus (B \setminus C) \subset (A \setminus B) \cup (A \cap C)$ を示す．$x \in A \setminus (B \setminus C)$ は，$x \in A$ かつ $x \notin B \setminus C$ と同値である．さらに後者は，$x \notin B$ または $x \in C$ と同値である．したがって，これは，$x \in A$ かつ $x \notin B$，または，$x \in A$ かつ $x \in C$ と同値となり，これは，$x \in (A \setminus B) \cup (A \cap C)$ と同値となる．

2.3 (ⅰ) $a - a = 0$ が 2 で割り切れることから，$a \sim a$．(ⅱ) $a \sim b$ と仮定すれば，$a - b = 2n$ (n は整数) と書ける．$b - a = -2n$ は 2 で割り切れるので，$b \sim a$ となる．(ⅲ) $a \sim b$ かつ $b \sim c$ とする．これは，適当な整数 n_1, n_2 を用いて $a - b = 2n_1, b - c = 2n_2$ と書ける．これより，$a - c = 2(n_1 + n_2)$ であるから，$a \sim c$ が得られる．(ⅰ)〜(ⅲ) より，$\sim$ は同値関係である．

2.4 f, g が全単射であると仮定する．この二つの写像は全射であるので，B の任意の要素 y のそれぞれについて $f(x) = y$ となる A の要素 x が存在する．さらに，C の任意の要素 z のそれぞれについて $g(y) = z$ となる B の要素 y が存在する．これより，任意の $z \in C$ について $g(y) = z$ となる $y \in B$ が存在，さらにこの y について $f(x) = y$ となる $x \in A$ が存在する．以上より，$g(f(x)) = z$ であり，z は任意に選んだので，$g \circ f$ は全射である．また，一方，f, g はそれぞれ単射であるので，$f(x_1) = f(x_2) \Rightarrow x_1 = x_2$ かつ $g(y_1) = g(y_2) \Rightarrow y_1 = y_2$．これより，$g(f(x_1)) = g(f(x_2)) \Rightarrow f(x_1) = f(x_2) \Rightarrow x_1 = x_2$ となり，$g \circ f$ は単射である．

2.5 (1) 定義より，$3 = \{\emptyset, \{\emptyset\}, \{\emptyset, \{\emptyset\}\}\}$, $4 = \{\emptyset, \{\emptyset\}, \{\emptyset, \{\emptyset\}\}, \{\emptyset, \{\emptyset\}, \{\emptyset, \{\emptyset\}\}\}\}$, $5 = \{\emptyset, \{\emptyset\}, \{\emptyset, \{\emptyset\}\}, \{\emptyset, \{\emptyset\}, \{\emptyset, \{\emptyset\}\}\}, \{\emptyset, \{\emptyset\}, \{\emptyset, \{\emptyset\}\}, \{\emptyset, \{\emptyset\}, \{\emptyset, \{\emptyset\}\}\}\}\}$

(2) 数学的帰納法による．$0 = \emptyset$ はそれよりも小さな数をもたず，何も要素を含まない．$1 = \{\emptyset\}$ は 0 を含んでいる．いま，n が $n - 1$ 以下の数をすべて含んでいると仮定す

る．このとき，$n+1 = n \cup \{n\}$ であるから，$n+1$ は，仮定より，$0, \ldots, n-1$ を要素として含み，さらに $n+1$ の定義より，n を要素として含んでいる．よって，$n+1$ は $0, 1, \ldots, n$ を要素として含んでいる．

(3) $i = 1, 2, \ldots$ について $n \subset n+i$ を示せばよい．数学的帰納法で示す．まず，$i = 1$ のとき，定義より，$n+1 = n \cup \{n\}$ なので，$n \subset n+1$．また，$i = k$ のとき，$n \subset n+k$ と仮定すれば，$n+k+1 = (n+k) \cup \{n+k\}$ より，$n \subset n+k \subset (n+k) \cup \{n+k\}$ となり，この性質が成り立つ．

2.6 ある 2×2 行列 A を用いて $y = Ax$ と書いたとき，この変換が全射であるとする．すなわち，任意の y について x が存在するとすれば，A のランクは 2 であり，A は正則である．したがって，$Ax_1 = Ax_2$ であると仮定すれば，逆行列 A^{-1} を両辺に掛けて，$x_1 = x_2$ となる．一方，$Ax_1 = Ax_2$ のとき，いつも $x_1 = x_2$ であるとすると，任意のベクトル x について，$Ax = 0$ であるのならば，$x = 0$ ということになる．これより，A のランクは 2 であり，A は正則であり，逆行列が存在するので，この変換は全射となる．

2.7 (1) $X_2 \in X_1$ と仮定すれば，X_1 の定義より，$X_2 \in X_2$ となり，X_2 は X_1 にも X_2 にも含まれることになり矛盾する．

(2) $X_2 \in X_2$ と仮定すれば，X_2 の定義により，$X_2 \notin X_2$ となり，仮定に矛盾する．

2.8 $f : A \to B$ とおく．A のある要素が写像 f によって移される要素は n 通りある．A の要素数は m なので，可能な写像の数は n^m である．また，$m < n$ としたとき，f が単射であるとすると，n 個の要素から m 個の要素を取り出して並べる順列を決定すれば写像が決まるので，写像の数は ${}_nP_m$ となる．

2.9 まず，
$$\left(\bigcup_{\lambda \in \Lambda} A_\lambda\right) \cap \left(\bigcup_{\mu \in M} B_\mu\right) \subset \bigcup_{(\lambda, \mu) \in \Lambda \times M} (A_\lambda \cap B_\mu)$$
を示す．
$$x \in \left(\bigcup_{\lambda \in \Lambda} A_\lambda\right) \cap \left(\bigcup_{\mu \in M} B_\mu\right)$$
と仮定すれば，$x \in \bigcup_{\lambda \in \Lambda} A_\lambda$ かつ $x \in \bigcup_{\mu \in M} B_\mu$ である．したがって，ある $\lambda_1 \in \Lambda$ が存在して $x \in A_{\lambda_1}$ とすることができる．同様にして，ある $\mu_1 \in M$ が存在して，$x \in B_{\mu_1}$ とすることができる．この λ_1 と μ_1 を用いて，$(\lambda_1, \mu_1) \in \Lambda \times M$ によって，$x \in A_{\lambda_1} \cap B_{\mu_1}$ となり，これより，$x \in \bigcup_{(\lambda, \mu) \in \Lambda \times M} (A_\lambda \cap B_\mu)$ となる．一方，$x \in \bigcup_{(\lambda, \mu) \in \Lambda \times M} (A_\lambda \cap B_\mu)$ と仮定すれば，ある $(\lambda_1, \mu_1) \in \Lambda \times M$ が存在して，$x \in A_{\lambda_1} \cap B_{\mu_1}$ となる．よって，$x \in A_{\lambda_1}$ かつ $x \in B_{\mu_1}$ が成り立つので，これらを用いて，$x \in \bigcup_{\lambda \in \Lambda} A_\lambda$ と $x \in \bigcup_{\mu \in M} B_\mu$ がそれぞれ得られる．これより，$x \in \left(\bigcup_{\lambda \in \Lambda} A_\lambda\right) \cap \left(\bigcup_{\mu \in M} B_\mu\right)$ が成り立ち，
$$\left(\bigcup_{\lambda \in \Lambda} A_\lambda\right) \cap \left(\bigcup_{\mu \in M} B_\mu\right) \supset \bigcup_{(\lambda, \mu) \in \Lambda \times M} (A_\lambda \cap B_\mu)$$
が示される．以上より，

$$\left(\bigcup_{\lambda \in \Lambda} A_\lambda\right) \cap \left(\bigcup_{\mu \in M} B_\mu\right) = \bigcup_{(\lambda,\mu) \in \Lambda \times M} (A_\lambda \cap B_\mu)$$

がいえる.

2.10 正の整数の集合の上の関係 $\ll$ が順序関係であることを,以下のように示す.

1. まず,$a \ll b$ かつ $b \ll a$ ならば,正の整数 m, n を用いて,それぞれより,$b = ma$, $a = nb$ が得られる.これより,$a = nma$ となり,$nm = 1$ より,$n = m = 1$ が得られる.これより,$a = b$ を得る.

2. $a \ll b$ かつ $b \ll c$ であると仮定する.すると,定義より,$b = ka$, $c = lb$ となる正の整数 k, l が存在する.したがって,$c = lka$ と書けるので,a は c を割り切り,$a | c$ といえる.

3. 最後に,任意の整数 a について a は a で割り切れるので,$a \ll a$ である.

2.11 A から B への単射 f が存在すると仮定する.ある適当な $x \in A$ について $f(x) = y \in B$ となる y については,$g(y) = x$ として,そのような x の存在しない y については,$g(y) = x_0$ と定義する.ただし,x_0 は A のある要素とする.このように定義すれば,g は B から A への写像となり,A のすべての要素 x についてそこへ写像される $y(= f(x))$ が存在するので,g は全射となる.一方,B から A への全射 g が存在すると仮定する.g が全射であることから,任意の $x \in A$ について,$x = g(y)$ となる y が存在する.そこで現れる y については,$f(x) = y$ と定義すれば,f は単射となる.なぜならば,異なる x_1, x_2 について $f(x_1) = f(x_2)$ となるとすれば,$y = f(x_1) = f(x_2)$ としたとき,$x_1 = g(y) = x_2$ となり矛盾するからである.

2.12 この関係を $\equiv$ で表す.

(1) 関係 $\equiv$ が同値関係であることは以下のように示される.

 (ⅰ) 明らかに,任意の多項式 f について $f \equiv f$ である.

 (ⅱ) また,$f \equiv g$ であり,$g \equiv h$ であると仮定すれば,第 1 の仮定から,f と g を $x^2 + 1$ で割った余りは等しい.同様にして,第 2 の仮定から,g と h についても余りは等しい.これより,f と h に関する余りも等しく,これより,$f \equiv h$ である.

 (ⅲ) $f \equiv g$ であるのならば $g \equiv f$ であることは明らかである.

(2) 0 を代表元とする類は,$x^2 + 1$ で割り切れる多項式の全体である.すなわち,$\{h \cdot (x^2 + 1) \mid h$ は多項式$\}$ となる.この集合の要素の和については,$h_1 \cdot (x^2 + 1) + h_2 \cdot (x^2 + 1) = (h_1 + h_2) \cdot (x^2 + 1)$ となり閉じている.さらに,積についても $h_1 \cdot (x^2 + 1) \cdot h_2 \cdot (x^2 + 1) = h_1 h_2 \cdot (x^2 + 1)^2$ となり,この集合の要素なので,閉じている.

(3) それぞれの類に入る多項式は一般に,$f_1 + r_1(x^2 + 1)$, $f_2 + r_2(x^2 + 1)$ と書けるので,適当な多項式 s を用いて,これらの積は,$(f_1 + r_1(x^2 + 1))(f_2 + r_2(x^2 + 1)) = f_1 f_2 + s(x^2 + 1)$ と書ける.これは,すべて $C(f_1 f_2)$ に含まれるので,$C(f_1) \star C(f_2) = C(f_1 f_2)$ によって類どうしの演算を定義しても,矛盾しない.

演習問題 3

3.1 ドーナツ型のオイラー標数は 0 である．このような形を二つ用意し，それぞれに穴をあけ，切り口を接合する．切り口が四角形であると考えれば，点が四つ増え，辺も四つ増えるが，面がそれぞれから 1 枚ずつ減る．したがって，オイラー標数は -2 となる．

3.2 円柱もメビウスの輪も，ともにオイラー標数は 0 となる．

3.3 図 3.10(a) のグラフは，解図 3.1 のように描くことができ，平面グラフである．また，(b) のグラフは，K_5 を内部に含むので，非平面グラフである．さらに，(c) のグラフは内部に $K(3,3)$ を含むので，非平面グラフである．

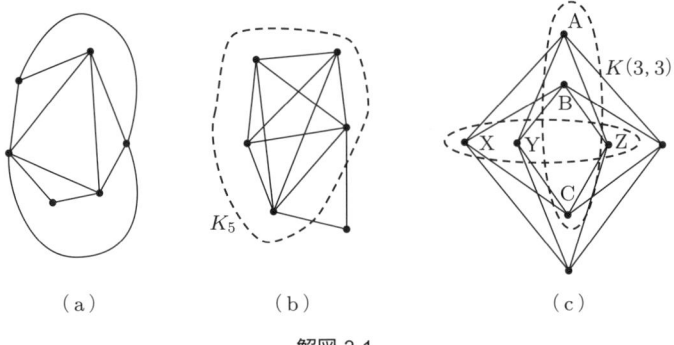

解図 3.1

3.4 オイラー標数は 0 となる．

3.5 解図 3.2 のような穴を n 個もった図形を考える．まず，頂点の個数を数えると，$p = 2(8n+4) = 16n+8$ である．また，線分の本数は $s = 2(10n + 2(n-1) + 6) + 4n + 4 = 28n + 12$ であり，面の枚数は $f = 2(2n + (n-1) + 2) + 4n + 4 = 10n + 6$ である．これより，$p - s + f = (16n+8) - (28n+12) + (10n+6) = 2 - 2n$ となる．

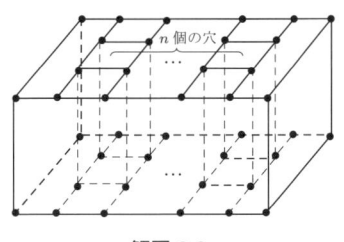

解図 3.2

3.6 それぞれのオイラー標数が n, m の図形から 1 枚面を取り去るので，それぞれのオイラー標数は，$n-1, m-1$ となる．この図形を貼り合わせると，切り口の辺と点の個数が同じであるとすれば，辺と点の個数は同数増えたり減ったりするので，結局，貼り合わせた結果の図形のオイラー標数は，$n-1+m-1 = n+m-2$ となる．

演習問題解答 | 165

この考え方を用いれば，浮き輪型の図形のオイラー標数が0であることから，n個の浮き輪を順次つなぐと，つなぎ目は$n-1$か所となり，オイラー標数は$0 \cdot n - 2(n-1) = 2 - 2n$となる．

3.7 すべての点の次数が6以上であるとすると，辺の数sと点の数pについて，$s \geq 1/2 \cdot 6p = 3p$が成り立つ．これと関係式 (3.22) を用いれば，$3p \leq s \leq 3p - 6$となり，これより，不等式$0 \leq -6$が得られ矛盾する．したがって，平面グラフには5次以下の点が必ず存在する．

演習問題 4

4.1 2点p, qからなる集合$S = \{p, q\}$の部分集合は$\emptyset, S, \{p\}, \{q\}$の四つであり，開集合族の条件より，$\emptyset$と$S$は必ず含まれるので，以下の4通りの可能性がある．

$$\{\emptyset, S\}, \{\emptyset, S, \{p\}\}, \{\emptyset, S, \{q\}\}, \{\emptyset, S, \{p\}\{q\}\}$$

これらは，すべて条件を満たすので開集合族となりうる．よって，以上の4通りの位相がある．

4.2 開集合族の要素は$\cap, \cup$について閉じていなければならない．このことより，$S = \{p, q, r\}$の開集合族は解表 4.1 のようになり，合計 29 通りとなる．

解表 4.1

$\emptyset$	S	A			B			種類の数	とり方
		$\{p,q\}$	$\{p,r\}$	$\{q,r\}$	$\{p\}$	$\{q\}$	$\{r\}$		
○	○	×	×	×	×	×	×	1	密着位相
○	○	○	○	○	○	○	○	1	離散位相
○	○	○	×	×	×	×	×	3	Aから一つ選択
○	○	×	×	×	○	×	×	3	Bから一つ選択
○	○	○	×	×	○	○	×	3	Aから一つ選択，Bからそれに含まれる要素二つを選択
○	○	○	○	×	○	×	×	3	Aから二つ選択，Bからそれの共通部分を選択
○	○	○	×	×	○	×	×	6	Aから一つ選択，Bからそれに含まれる要素一つを選択
○	○	○	×	×	×	×	○	3	Aから一つ選択，Bからそれに含まれない要素一つを選択
○	○	○	○	×	○	×	○	6	Aから一つ選択，Bからそれらの共通部分一つとそれ以外を一つ選択

4.3 対象とする位相空間Xの閉集合の集合を$\mathcal{C}$とおく．このとき，ド・モルガンの法則から，つぎの性質が成り立つ．① Xと空集合$\emptyset$は$\mathcal{C}$に含まれる．② 有限個の集合$A_1, A_2, \ldots, A_n$が$\mathcal{C}$に含まれれば，その和集合$\bigcup_{i=1}^{n} A_i$は$\mathcal{C}$に含まれる．③ 無限個の集合$A_\lambda (\lambda \in \Lambda)$の共通部分$\bigcap_{\lambda \in \Lambda} A_\lambda$は$\mathcal{C}$に含まれる．

4.4 (1) $\mathbb{Q}$ の境界は $\mathbb{Q}$ である． (2) $\mathbb{R}\setminus\mathbb{Z}$ の境界は $\mathbb{Z}$ である．

4.5 X は開集合ではない．X の補集合は無限個の開区間の和集合になるので，開集合である．よって，X は閉集合である

4.6 ($\Rightarrow$) 定義より M^i は開集合の和集合であるから，開集合である．$M^i = M$ なので，M は開集合である．($\Leftarrow$) M を開集合と仮定すると，M の任意の要素 x について，x を含む開集合となる部分集合をとることができる（少なくとも M 自身はそのような集合である）．よって，この要素は M^i に含まれる．また，M^i から適当な要素 y をとってくると，M^i は開集合の和集合であるので，適当な開集合で y を含むものがある．この集合は M の部分集合であるので，y は M の要素である．以上より，$M^i = M$ が成り立つ．

4.7 (1) ユークリッド空間のある開集合 U_1' を，ある十分に小さな $\varepsilon > 0$ を用いて $\{x \in \mathbb{R}^2 \mid \|x\|^2 \leq (1+\varepsilon)\}$ と定義する．このとき，$U \cap U_1' = U_1$ なので，U_1 は U の中で開集合となる．

(2) (1) と同様にして，U_2 も U の中では開集合である．$U = U_1 \cup U_2$ であり，$U_1 \cap U_2 = \emptyset$ なので，定義より，U は連結ではない．

演習問題 5

5.1 (1) 連続である．

(2) $y = 1$ のまわりの ε 近傍 $(1-\varepsilon, 1+\varepsilon)$ の原像が $[0, \varepsilon)$ となり，開集合とならないので，$x = 0$ で連続でない．

(3) $y = -1$ のまわりの ε 近傍 $(-1-\varepsilon, -1+\varepsilon)$ の原像が $[0, \varepsilon)$ となり，開集合とならないので，$x = 0$ で連続でない．

5.2 適当な開集合 X が 1 を含む場合には，$f^{-1}(X) = \mathbb{R}$ となり，これは開集合である．また，X が 1 を含まない場合には，$f^{-1}(X) = \emptyset$ となり，これも開集合である．以上より，f は連続な写像である．

5.3 $f(x) = -1/x + 1/(1-x)$ と定義する．これにより，開区間 $(0,1)$ は連続的に実数軸に写像される．この写像は全射である．一方，$f(x_1) = f(x_2)$ とおいて，これを解くと，$x_1 = x_2$ となり，この写像は単射である．f は 1 対 1 の連続写像となり，$(0,1)$ と $\mathbb{R}$ は同相である．

5.4 正方形の一辺の長さを $2r$ とし，円盤の半径を R とする．このとき，写像

$$\varphi : (x, y) \mapsto (X, Y) = \frac{R}{r} \max\{|x|, |y|\}(\cos\theta, \sin\theta)$$

を定義すれば，解図 5.1 に示すように，正方形内部から円盤への双連続写像となる．ただし，θ は (x,y) と x 軸のなす角である．また，φ は 1 対 1 写像である．したがって，正方形内部と円盤は同相である．

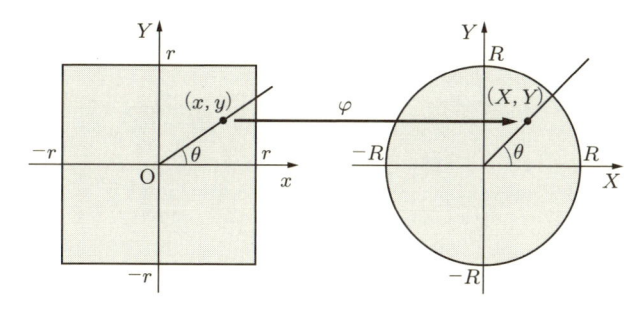

解図 5.1

5.5　$y>0$ とし，十分小さな $\varepsilon>0$ について y の ε 近傍 $(y-\varepsilon, y+\varepsilon)$ の原像は，
$$(\sqrt{y-\varepsilon}, \sqrt{y+\varepsilon}) \cup (-\sqrt{y+\varepsilon}, -\sqrt{y-\varepsilon})$$
となり，これは開集合である．$y=0$ の場合，原像は $(-\sqrt{\varepsilon}, \sqrt{\varepsilon})$ であり，$y<0$ の場合，$\emptyset$ となる．これらはすべて開集合である．よって，$y=x^2$ は連続である．

演習問題 6

6.1　$x \in (A \setminus I_1) \cup (B \setminus I_2)$ については，$x \sim x$ のみが x に関する同値関係である．また，$x \in I_1$ については，$x \sim x,\ x \sim \phi(x),\ \phi(x) \sim x$ が x に関する同値関係である．ただし，$\phi(x) \in I_2$ は x に対応する I_2 の中の点である．$x \in I_2$ についても同様．異なる要素どうしの同値関係は，$x \sim \phi(x)$ しか存在しないので，推移律は意味をなさず，自動的に成立することになる．対称律は成り立つので，これは同値関係となる．

6.2　トーラスを四角状の展開図で表現したものを ABCD とおく．同様にして，別のトーラスの展開図を A′B′C′D′ とおく．このとき，ABCDA′B′C′D′ は二つ穴の図形の展開図となる．

6.3　接続している部分を忠実に保存しながら展開図を変形すれば，円柱が得られる．

6.4　解図 6.1．

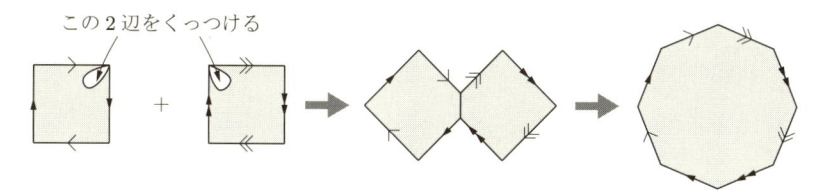

解図 6.1

6.5 解図 6.2.

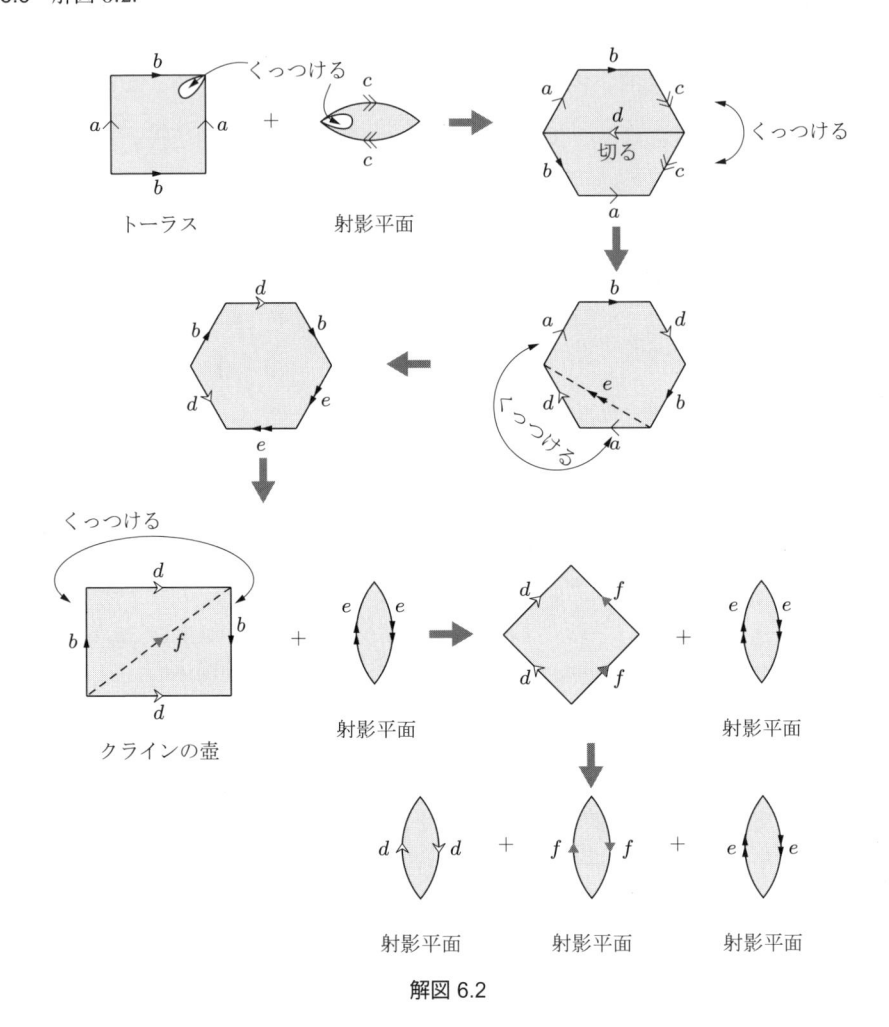

解図 6.2

6.6 解図 6.3.

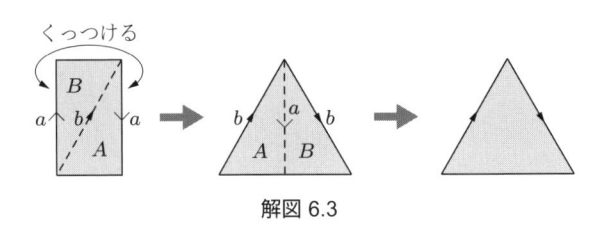

解図 6.3

6.7 解図 6.4.

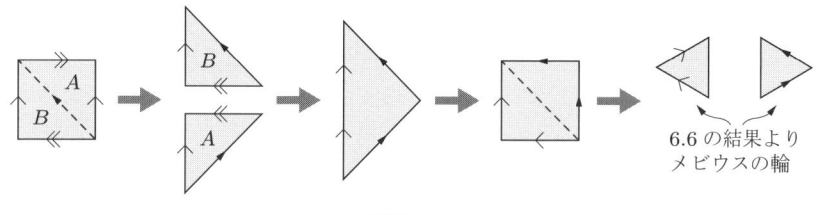

解図 6.4

演習問題 7

7.1 $4+5=4+s(4)=s(4+4)$. $4+4=4+s(3)=s(4+3)$. これを繰り返して，$4+2=s(4+1)$, $4+1=s(4)$ が得られ，これより，$4+5=s(s(s(s(s(4)))))=9$ となる．

7.2 演算表は解表 7.1 のようになる．

解表 7.1

$\cdot$	e	x	y	z	s	t
e	e	x	y	z	s	t
x	x	e	s	t	y	z
y	y	t	e	s	z	x
z	z	s	t	e	x	y
s	s	z	x	y	t	e
t	t	y	z	x	e	s

7.3 生成元 s, x を用いて，$S_3 = \{e, s, s^2 = t, x, sx = z, s^2 x = y\}$ と表現できる．

7.4 最初に，補助定理として，「任意の m, n について $m + s(n) = s(m) + n$」を帰納法で証明する．これは，$n = 1$ のとき，$a + s(1) = s(a + 1) = s(s(a)) = s(a) + 1$ より成り立つ．また，ある n について成り立つと仮定すれば，$m + s(s(n)) = s(m + s(n)) = s(s(m) + n) = s(m) + s(n)$ となるので，任意の n について成立する．つぎに，さらに補助定理として，「任意の m について $1 + m = m + 1$」を証明する．まず，$m = 1$ のときは自明である．ある m についてこれが成り立つと仮定すれば，$1 + s(m) = s(1 + m) = s(m + 1) = s(s(m)) = s(m) + 1$ となり成り立つ．以上の二つの補助定理を用いて，交換則を証明する．まず，2 番目の補助定理より，任意の m について $1 + m = m + 1$ である．ある n について $n + m = m + n$ を仮定する．このとき，最初の補助定理より，$s(n) + m = n + s(m)$ である．さらに，$n + s(m) = s(n + m) = s(m + n) = m + s(n)$ となり，$s(n) + m = m + s(n)$ が示される．以上より，すべての n, m について $n + m = m + n$ である．

7.5 $\langle a \mid a^4 \rangle$, $\langle a, b \mid a^2, b^2, aba^{-1}b^{-1} \rangle$

7.6 正方形の場合，上下や左右の反転だけではなく，90 度の回転によって重ねることができる．したがって，求める群は $\langle a, b \mid a^4, b^2, aba^{-1}b^{-1} \rangle$ となる．この群の要素数は 8 と

なる．

7.7 二つの単位元を e, e' とおくと，ともに単位元なので，$e' = ee' = e$ となり，等しくなってしまう．

7.8 $[x,y] = t, [x,z] = s, [y,z] = t$ となり，さらに $[s,t] = e$ となるので，3次の対称群 S_3 の交換子群 $D(S_3)$ は $A_3 = \{e, s, t\}$ となる．また，S_3 を可換化すれば，要素数2の群 $\langle a \mid a^2 \rangle$ が現れる．これは，奇置換（奇数回の入れ替え）と偶置換（偶数回の入れ替え）に対応する．

7.9 すべて，群と準同型の性質から得られる．

(1) $f(e) = f(ee) = f(e)f(e)$ より，$f(e) = e$．

(2) $f(e) = f(aa^{-1}) = f(a)f(a^{-1})$．これより，$f(a^{-1}) = f(a)^{-1}$．

(3) $f([a,b]) = f(aba^{-1}b^{-1}) = f(a)f(b)f(a^{-1})f(b^{-1}) = f(a)f(b)f(a)^{-1}f(b)^{-1}$
$= [f(a), f(b)]$．

(4) $X = \{x \in G \mid f(x) = e\}$ とおけば，$f(e) = e$ より，$e \in G$ であり，$a \in G$ であるのならば，$f(a) = e$ であり，$f(a^{-1}) = f(a)^{-1} = e$ であるので，$a^{-1} \in G$ である．G の要素を考えていることから，結合則は成り立つので，X は群をなす．

演習問題 8

8.1 1点にとどまる経路は $f_1(t) = \mathrm{P}$ と書ける．もう一つの一般的な経路を $f_2(t)$ と書けば，この二つのつなぎ合わせは，

$$f(t) = \begin{cases} f_1(2t) & (0 \leq t < 1/2) \\ f_2(2t-1) & (1/2 \leq t \leq 1) \end{cases} = \begin{cases} \mathrm{P} & (0 \leq t < 1/2) \\ f_2(2t-1) & (1/2 \leq t \leq 1) \end{cases}$$

となる．これは，一般に f_2 には一致しない．

8.2 AからBへの経路は p で表せば，$p(0) = \mathrm{A}, p(1) = \mathrm{B}$ であり，$p(t)$ が $[0,1]$ 上で連続であれば，同じ点を2回通る場合でも，f が連続な写像であることには抵触しない．実際，この交点を X とおくと，$f^{-1}(N_\varepsilon(\mathrm{X}))$ が開集合になることに注意する．ただし，$N_\varepsilon(\mathrm{X})$ は X の ε 近傍である．

8.3 ホモトピックな経路を $\sim$ で書けば，$t \sim u$ となり，ホモトピックな経路はこの二つのみである．

8.4 端点を固定していないのであれば，端点を移動させながら，連結な領域で，いかなる経路もホモトピックに一致させることができてしまう．両端を固定しているので，経路を切断しなければ，一致させることができないケースが発生するのである（図8.6 の経路 s と経路 t など）．

8.5 $[0,1]$ が非連結であると仮定する．すると，二つの空でない開集合 U_1 と U_2 で $U_1 \cup U_2 = [0,1]$ かつ $U_1 \cap U_2 = \emptyset$ となるものをとることができる．このとき，$[0,1]$ の相対位相で考えれば，$[0,1] \setminus U_1 = U_2$, $[0,1] \setminus U_2 = U_1$ であることから，U_1, U_2 は閉集合でもある．ここで，$0 \in U_1$ と仮定する．

$$m = \sup\{m \in U_1 \mid \forall m' \in U_2, m' > m\}$$

とすれば，U_1 が閉集合であることから，$m \in U_1$ となる．一方，任意の $\varepsilon > 0$ について $m + \varepsilon > m'$ となる $m' \in U_2$ が存在する．ただし，$\sup A$ は A の「上限」とよばれるもので，任意の A の要素 x について $x \geq x'$ となる実数 x' を集めた集合の最大値のことである．したがって，任意の $\varepsilon > 0$ について m の ε 近傍 $N_\varepsilon(m)$ と U_2 の共通部分は空でない．したがって，m は U_2 の境界に含まれ，U_2 が閉集合であることから，$m \in U_2$ となる．以上より，$m \in U_1 \cap U_2 \neq \emptyset$ となり，仮定に反する．よって，$[0,1]$ は連結である．

8.6 位相空間 X は弧状連結であって，かつ非連結であると仮定する．非連結であることから，X は空でない二つの開集合 A, B を用いて，$X = A \cup B, A \cap B = \emptyset$ と書くことができる．一方，X が弧状連結であることから，A, B の中にそれぞれ 1 点ずつ x_1, x_2 をとると，x_1 から x_2 への経路を作ることができる．これを $l : [0,1] \to X$ とおく．l は経路であることから連続写像である．l が連続であることから，$m_1 = l^{-1}(A), m_2 = l^{-1}(B)$ はともに開集合であり，$m_1 \cup m_2 = [0,1], m_1 \cap m_2 = \emptyset, m_1 \neq \emptyset, m_2 \neq \emptyset$ である．$[0,1]$ は連結なので，これは矛盾である．したがって，X が弧状連結であれば，X は連結である．

8.7 $[0,1]$ の任意の 2 点 a, b $(a < b)$ を結ぶ道として，

$$\varphi : [0,1] \ni x \mapsto (b-a)x + a \in [a,b]$$

を定義すれば，この 1 次関数 φ は明らかに連続である．したがって，$[0,1]$ は弧状連結である．

8.8 **連結であることの証明**：$A = \{(0,0)\}, B = \{(x, \sin x) \mid 0 < x \leq 1\}$ と定義すれば，$V = A \cup B$ である．B は $(0,1]$ と同相なので連結である．ここで，V が連結でないと仮定する．このとき，V の空でない部分開集合 U_1, U_2 がとれて，$U_1 \cup U_2 = V, U_1 \cap U_2 = \emptyset$ とすることができる．このとき，$(0,0) \in U_1$ とする．それでなければ，U_1 と U_2 を入れ替えればよい．いま，$\mathbb{R}^2$ の相対位相を考えているので，$V \cap \{(x,y) \mid -2 < y < 2, 0 < x < 2\} = B$ であることから，B は V において開集合である．また，$B = (B \cap U_1) \cup (B \cap U_2)$ と書ける．ここで，$(0,0)$ の任意の ε 近傍は B と共通点をもつことから，$(B \cap U_1) \neq \emptyset$ である．さらに，$(0,0)$ が U_1 に含まれることから U_2 には含まれない．U_2 が空でないことから，U_2 の任意の点は B の点である．すなわち，$U_2 \subset B$ となり，$(U_2 \cap B) = U_2$ となる．以上より，B が二つの共通点をもたない開集合の和集合として書けることになり，B が連結であることと矛盾する．したがって，V は連結である．

弧状連結でないことの証明：まず，B は明らかに弧状連結である．したがって，問題になるのは $(0,0)$ における弧状連結性である．ある $[0,1]$ から X への連続関数 φ が存在して，$\varphi(0) = (0,0), \varphi(1) = (0,1)$ とする．φ が連続であることから，任意の ε について，δ が存在して，$\varphi([0,\delta)) \subset N_\varepsilon((0,0))$ にすることができるはずであるが（付録 A 参照），実際には，δ がいくら小さくなっても，$\varphi([0,\delta))$ の中に $(0,0)$ との距離が $1/2$ 以上の点が含まれるので，φ は連続ではない．したがって，V は弧状連結ではない．

8.9 (1) 図形 X, Y が同相であるということは，連続写像 $f : X \to Y$ と $g : Y \to X$ が存在して，$f \circ g$ と $g \circ f$ がそれぞれ，Y と X 上の恒等写像になっていることである．し

たがって，これらは自明にホモトピー同値である．
(2) X が X にホモトピー同値であることは明らかである．また，X が Y にホモトピー同値であるならば Y が X にホモトピー同値であることも，定義の対称性から明らかである．推移律については，以下のように示される．X と Y，Y と Z がホモトピー同値であると仮定する．このとき，$f: X \to Y$，$g: Y \to X$ が存在して，$f \circ g$ と $g \circ f$ がそれぞれ Y, X 上の恒等写像にホモトピックである．同様に $h: Y \to Z$，$l: Z \to Y$ が存在して $h \circ l$，$l \circ h$ がそれぞれ Y, Z 上の恒等写像にホモトピックである．ここで，$F: Y \times [0,1] \to Y$，$F(y,0) = (f \circ g)(y)$ かつ，$F(y,1)$ が恒等写像となる F がとれる．同様にして，$G: Z \times [0,1] \to Z$，$G(z,0) = (h \circ l)(z)$ かつ $G(z,1)$ が恒等写像となる G がとれる．これより，連続写像

$$H(z,t) = \begin{cases} (h \circ F(y, 2t) \circ l)(z) & (0 \leq t \leq 1/2) \\ G(z, 2t-1) & (1/2 < t \leq 1) \end{cases}$$

を作ることができる．したがって，$(h \circ f) \circ (g \circ l)$ は Z 上の恒等写像とホモトピックである．同様にして，$(g \circ l) \circ (h \circ f)$ は X 上の恒等写像とホモトピックなので，X と Z はホモトピー同値となる．

(3) 円周上の点から円柱面の片方の縁への写像を f，円柱面上のそれぞれの点からその片側の縁まで移して，さらに，そこから円周上の点へ移す写像を g とすると，$f \circ g$ と $g \circ f$ は，それぞれ恒等写像とホモトピックになる．

演習問題 9

9.1 基本群は $\mathbb{Z}$ と同型になる．
9.2 $\{e\}$
9.3 $\mathbb{Z}$
9.4 解図 9.1．

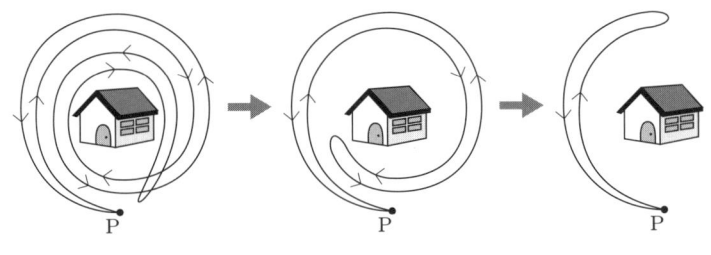

解図 9.1

9.5 $\mathbb{Z}$
9.6 トーラスは解図 9.2 のような展開図によって表現できる．この面上のループとして，解図 9.3 の二つのループ a, b をとることができる．この二つの要素が独立であれば，トーラスの基本群はこの二つの要素から生成される自由群となるが，ここで $ab = ba$ という性質

解図 9.2

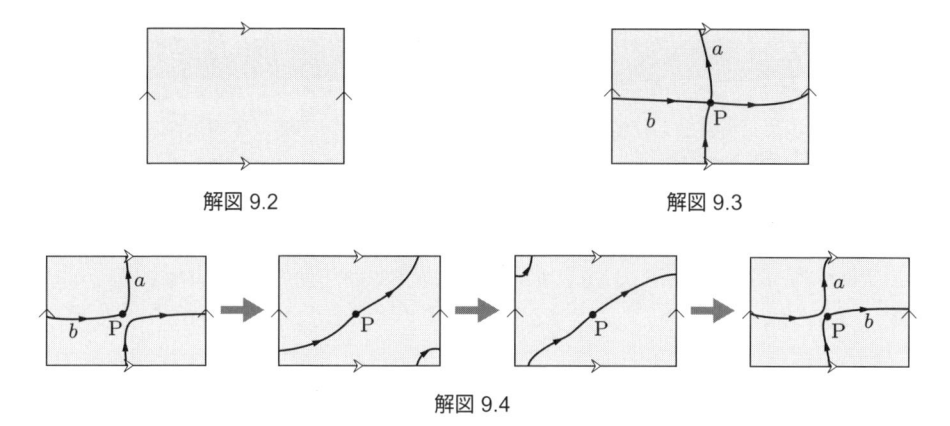

解図 9.3

解図 9.4

が成立する．これは解図 9.4 のようにして示される．ループ ab をホモトピックに変形して ba とすることができる．これより，a, b による任意のループは，一般に $a^m b^n$ $(m, n \in \mathbb{Z})$ と書くことができる．これより，この図形の基本群は，$\pi_1 = \{a^m b^n \mid m, n \in \mathbb{Z}\}$ と書ける．これは $\mathbb{Z}^2$ に同型である．

演習問題 10

10.1 適当に図上での連結成分を A, B, C とおいて，それぞれの部分を正の方向に 1 周するループを a, b, c とおく．このとき，基本群は $\langle a, b, c \mid bac^{-1}a^{-1}, acb^{-1}c^{-1} \rangle$（解図 10.1 参照）となる．

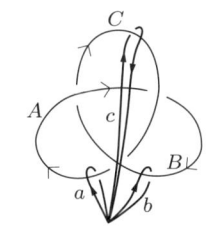

解図 10.1

10.2 解図 10.2．

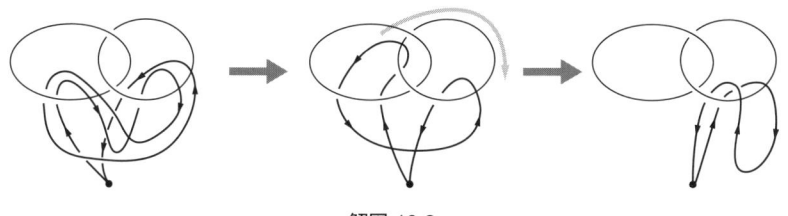

解図 10.2

10.3 $\langle a, b, c \mid aba^{-1}b^{-1} \rangle$

演習問題 11

11.1 (a) の 2 次元単体を $|ABC|$ とおけば，その面は $|AB|, |BC|, |CA|, |A|, |B|, |C|$ である．また，(b) の 1 次元単体を $|AB|$ とおけば，その面は $|A|, |B|$ である．

11.2 (a) $\{|ABCD|, |ABC|, |ACD|, |ADB|, |BDC|, |AB|, |AC|, |AD|, |BD|, |BC|,$
$|CD|, |A|, |B|, |C|, |D|\}$ (b) $\{|ABC|, |AB|, |BC|, |CA|, |A|, |B|, |C|\}$
(c) $\{|ABE|, |BCD|, |AB|, |BE|, |AE|, |BD|, |BC|, |CD|, |A|, |B|, |C|, |D|, |E|\}$

11.3 一例として，解図 11.1 のような分割が考えられる．または，解図 11.2．

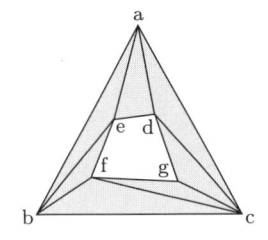

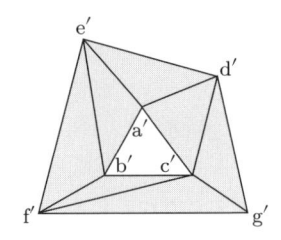

解図 11.1

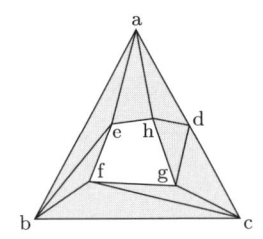

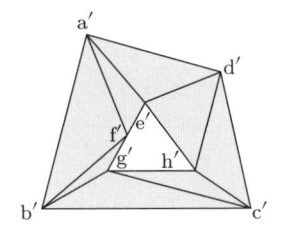

解図 11.2

11.4 解図 11.3 のとおり．

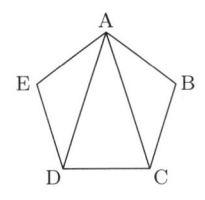

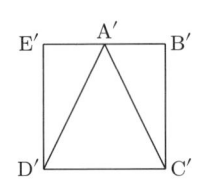

解図 11.3

11.5 向きづけされた 3 次元単体 $\langle abcd \rangle$ と $\langle abdc \rangle$ の面 $\langle bcd \rangle$ を合わせたとき，a の位置がちょうど bcd を含む平面の両側になってしまうので，決して重ね合わせることができない．

11.6 (a) の分割では，二つの三角形のすべての面が共有されるので，複体の条件に合わない．また，(b) の分割では，上下の三角形どうしが，中心の頂点と底辺を独立に共有するので，やはり複体の条件に合わない．(c) の分割も，左上の三角形と右下の三角形で同様

演習問題解答 | 175

にして頂点と辺を独立に共有するので，複体とはならない．

演習問題 12

12.1 以下の方程式を解くことで明らか．
$$\begin{pmatrix} n & m & p \end{pmatrix} \begin{pmatrix} 1 & 1 & 0 \\ 0 & 1 & 1 \\ 1 & 0 & 1 \end{pmatrix} = \begin{pmatrix} 0 & 0 & 1 \end{pmatrix}$$

12.2 上の行列に適当な可逆な行列（行列式が 1）を掛けると，目的の基底を並べた行列が得られる．
$$\begin{pmatrix} 1 & 0 & 0 \\ 0 & 1 & 0 \\ -1 & 1 & 1 \end{pmatrix} \begin{pmatrix} 1 & 1 & 0 \\ 0 & 1 & 1 \\ 1 & 0 & 1 \end{pmatrix} = \begin{pmatrix} 1 & 1 & 0 \\ 0 & 1 & 1 \\ 0 & 0 & 2 \end{pmatrix}$$

12.3 (1) $\partial(\langle ab \rangle + 2\langle bc \rangle + 3\langle ca \rangle) = -4\langle a \rangle - \langle b \rangle + 5\langle c \rangle$

(2) $\partial\langle abc \rangle = \langle bc \rangle + \langle ca \rangle + \langle ab \rangle$

(3) $\partial\langle abcd \rangle = \langle bcd \rangle + \langle adc \rangle + \langle abd \rangle + \langle acb \rangle$

(4) $\partial(2\langle abc \rangle + 3\langle abd \rangle) = 2\langle bc \rangle + 2\langle ca \rangle + 5\langle ab \rangle + 3\langle bd \rangle + 3\langle da \rangle$

12.4 この図形の 1 次元鎖は
$$c = a_1 \langle AB \rangle + a_2 \langle BC \rangle + a_3 \langle AC \rangle + a_4 \langle AE \rangle + a_5 \langle CE \rangle$$
$$+ a_6 \langle CD \rangle + a_7 \langle DE \rangle + a_8 \langle DF \rangle + a_9 \langle EF \rangle + a_{10} \langle DA \rangle$$
$$+ a_{11} \langle FA \rangle + a_{12} \langle FB \rangle$$

と書ける．これより，輪体は境界をとったとき 0 に落ちるものであるので，
$$\partial c = (-a_1 - a_3 - a_4 + a_{10} + a_{11})\langle A \rangle + (a_1 - a_2 + a_{12})\langle B \rangle$$
$$+ (a_2 + a_3 - a_5 - a_6)\langle C \rangle + (a_6 - a_7 - a_8 - a_{10})\langle D \rangle$$
$$+ (a_4 + a_5 + a_7 - a_9)\langle E \rangle + (a_8 + a_9 - a_{11} - a_{12})\langle F \rangle$$
$$= 0$$

これより，
$$a_1 = a_2 - a_{12}$$
$$a_3 = -a_2 + a_5 + a_6$$
$$a_{10} = a_6 - a_7 - a_8$$
$$a_4 = -a_5 - a_7 + a_9$$
$$a_{11} = a_8 + a_9 - a_{12}$$

を得る．これより，輪体はつぎのように表現される．
$$c = a_2(\langle AB \rangle + \langle BC \rangle - \langle AC \rangle) + a_5(\langle AC \rangle - \langle AE \rangle + \langle CE \rangle)$$
$$+ a_6(\langle AC \rangle + \langle CD \rangle + \langle DA \rangle) + a_7(\langle DE \rangle - \langle DA \rangle - \langle AE \rangle)$$

$$+a_8(\langle DF \rangle - \langle DA \rangle + \langle FA \rangle) + a_9(\langle AE \rangle + \langle EF \rangle + \langle FA \rangle)$$
$$+a_{12}(-\langle AB \rangle - \langle FA \rangle + \langle FB \rangle)$$

12.5 2次元の単体のそれぞれの境界を足し合わせればよいので，境界輪体はつぎのようになる．

$$d = b_1(\langle AB \rangle + \langle BC \rangle + \langle CA \rangle) + b_2(\langle AC \rangle + \langle CE \rangle + \langle EA \rangle)$$
$$+b_3(\langle CD \rangle + \langle DE \rangle + \langle EC \rangle) + b_4(\langle ED \rangle + \langle DF \rangle + \langle FE \rangle)$$
$$+b_5(\langle DA \rangle + \langle AF \rangle + \langle FD \rangle) + b_6(\langle FA \rangle + \langle AB \rangle + \langle BF \rangle)$$

演習問題 13

13.1 このホモロジー群を計算するには，内部を含まない三角形 ABC を考えればよい．まず，0 次元について考える．0 次元の輪体群は，鎖群と一致する．よって，$c = a_1\langle A \rangle + a_2\langle B \rangle + a_3\langle C \rangle$ と表現することができる．一方，0 次元の境界輪体群は，

$$d = \partial(b_1\langle AB \rangle + b_2\langle BC \rangle + b_3\langle CA \rangle)$$
$$= b_1(\langle B \rangle - \langle A \rangle) + b_2(\langle C \rangle - \langle B \rangle) + b_3(\langle A \rangle - \langle C \rangle)$$
$$= (b_3 - b_1)\langle A \rangle + (b_1 - b_2)\langle B \rangle + (b_2 - b_3)\langle C \rangle$$
$$= d_1\langle A \rangle + d_2\langle B \rangle - (d_1 + d_2)\langle C \rangle$$

となる．これより，輪体は，$c = (a_1\langle A \rangle + a_2\langle B \rangle - (a_1 + a_2)\langle C \rangle) + (a_1 + a_2 + a_3)\langle C \rangle$ と表現できるので，ホモロジー群は $\mathbb{Z}$ と同型になる．0 次元のベッチ数は 1 となる．つぎに 1 次元のホモロジー群を計算する．この複体は 2 次元の単体を含まないので，1 次元の境界輪体群は $\{0\}$ である．また，1 次元の輪体を $c = b_1\langle AB \rangle + b_2\langle BC \rangle + b_3\langle CA \rangle$ とおけば，$\partial c = 0$ の条件より，$b_1 = b_2 = b_3$ が得られ，$c = b_1(\langle AB \rangle + \langle BC \rangle + \langle CA \rangle)$ となる．これより，1 次元のホモロジー群は $\mathbb{Z}$ と同型になる．1 次元のベッチ数は 1 となる．

13.2 (a) の図形については，第 14 章を参照すること．(b) の図形については，鎖群や境界輪体群の基底の数が減るが，ホモロジー群 H_i は (a) と同じになる．

13.3 ある図形 X が二つの連結成分からなるとする（三つ以上の場合も証明は同様）．いま，この図形の 0 次元単体を $\langle a_i \rangle$ $(i = 1, \ldots, n)$ とおき，0 次元の鎖を

$$c = \sum_{i=1}^{n} b_i \langle a_i \rangle$$

と書く．ただし，b_i $(i = 1, \ldots, n)$ は適当な整数とする．このとき，$\partial c = \sum_{i=1}^{n} b_i \partial \langle a_i \rangle = 0$ となるので，c は輪体となる．すなわち，任意の鎖は輪体となる．一方，X の 1 次元単体を $\langle a_{j_l} a_{k_l} \rangle$ $(l = 1, 2, \ldots, r)$ とおく．ただし，$1 \leq j_l, k_l \leq n$ とする．このとき，適当な整数 e_l を用いて，1 次元の鎖を

$$d = \sum_{l=1}^{r} e_l \langle a_{j_l} a_{k_l} \rangle$$

とおけば，
$$\partial d = \sum_{l=1}^{r} e_l(\langle a_{k_l}\rangle - \langle a_{j_l}\rangle)$$
となる．これは 0 次元境界輪体である．ホモロジー群の要素は境界輪体を加えても変わらない．たとえば，解図 13.1 のように連結している点 a_1, a_2, a_3 について，
$$b_1\langle a_1\rangle + b_2\langle a_2\rangle + b_3\langle a_3\rangle \simeq b_1\langle a_1\rangle + (b_2+b_3)\langle b_2\rangle \simeq (b_1+b_2+b_3)\langle a_1\rangle$$
となる．ただし，$\simeq$ は二つの鎖が同じホモロジー群の要素に対応していることを示す記号で，第 14 章で定義する．一般に，任意の輪体は，境界輪体を適当に加えることにより，
$$c = (b_1+b_2+\cdots+b_{n_1})\langle a_1\rangle + (b_{n_1+1}+\cdots+b_n)\langle a_{n_1+1}\rangle$$
と書くことができる．ただし，$a_1, a_2, \ldots, a_{n_1}$ と $a_{n_1+1}, \ldots, a_n$ が X のそれぞれの連結成分に含まれるとする．これより，0 次元ホモロジー群の次元は 2 となり，$r(H_0)=2$ となる．$r(H_0)$ は連結成分の個数に一致する．

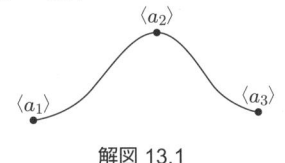

解図 13.1

演習問題 14

14.1 まず，0 次元の輪体群は，この図形の n 個の 0 次元の単体（点）を $\langle a_i\rangle$ $(i=1,\ldots,n)$ とおけば，任意の鎖は $c=\sum_{i=1}^n s_i\langle a_i\rangle$ と書け，$\partial c=0$ であるので，この図形の 0 次元の鎖群と等しい．一方，弧状連結であるということから，任意の 2 点を結ぶ経路 l（これは，1 次元の鎖になっている）が存在する．したがって，この鎖の境界が 0 になることから，任意の $1 \leq i, j \leq n$ について，$\partial l = \langle a_i\rangle - \langle a_j\rangle$ は境界輪体に含まれなければならない．したがって，このような境界輪体を適当に加えることにより，任意の 0 次元の輪体は，m を適当な整数として，$m\langle a_1\rangle$ と書くことができる．また，任意の 1 次元の鎖の境界は必ず，同数の $+$ の点と $-$ の点を含むことから，境界輪体を加えることによって，ある $m\langle a_1\rangle$ を $m'\langle a_1\rangle$ にすることはできない．したがって，0 次元のホモロジー群は，$H_0 = \{m\langle a_1\rangle \mid m \in \mathbb{Z}\}$ と書くことができる．すなわち，$H_0 \cong \mathbb{Z}$ となる．

14.2 $H_0 = \mathbb{Z}$，$H_1 = \langle a, b \mid aba^{-1}b^{-1}\rangle$（ただし，$a, b$ はそれぞれ縦と横方向に 1 周する輪体），$H_2 = \mathbb{Z}$

14.3 (1) $\partial(3\langle abf\rangle + 2\langle bcd\rangle + \langle fde\rangle) = 3(\langle ab\rangle + \langle bf\rangle + \langle fa\rangle) + 2(\langle bc\rangle + \langle cd\rangle + \langle db\rangle) + (\langle df\rangle + \langle de\rangle + \langle ef\rangle)$

(2) 1 次元の鎖 c を
$$c = a_1\langle ab\rangle + a_2\langle bc\rangle + a_3\langle cd\rangle + a_4\langle de\rangle + a_5\langle ef\rangle + a_6\langle fa\rangle$$
$$+ a_7\langle bf\rangle + a_8\langle fd\rangle + a_9\langle db\rangle \quad (a_i \in \mathbb{Z}, i=1,\ldots,9)$$

とおく．このとき，輪体である条件から，

$$\begin{aligned}\partial c &= a_1(\langle b\rangle - \langle a\rangle) + a_2(\langle c\rangle - \langle b\rangle) + a_3(\langle d\rangle - \langle c\rangle)\\ &\quad + a_4(\langle e\rangle - \langle d\rangle) + a_5(\langle f\rangle - \langle e\rangle) + a_6(\langle a\rangle - \langle f\rangle)\\ &\quad + a_7(\langle f\rangle - \langle b\rangle) + a_8(\langle d\rangle - \langle f\rangle) + a_9(\langle b\rangle - \langle d\rangle)\\ &= (-a_1 + a_6)\langle a\rangle + (a_1 - a_2 - a_7 + a_9)\langle b\rangle\\ &\quad + (a_2 - a_3)\langle c\rangle + (a_3 - a_4 + a_8 - a_9)\langle d\rangle\\ &\quad + (a_4 - a_5)\langle e\rangle + (a_5 - a_6 + a_7 - a_8)\langle f\rangle = 0\end{aligned}$$

を得る．これより，$a_1 = a_6$, $a_2 = a_3$, $a_4 = a_5$, $a_7 = a_1 - a_2 + a_9$, $a_8 = -a_2 + a_4 + a_9$ が得られ，これを用いて，

$$\begin{aligned}c &= a_1(\langle ab\rangle + \langle fa\rangle + \langle bf\rangle) + a_2(\langle bc\rangle + \langle cd\rangle + \langle fb\rangle + \langle df\rangle)\\ &\quad + a_4(\langle de\rangle + \langle ef\rangle + \langle fd\rangle) + a_7(\langle bf\rangle + \langle fd\rangle + \langle db\rangle)\end{aligned}$$

表現することができ，これより，

$$Z_1(K) \cong \mathbb{Z}^4$$

となる．

(3) 境界輪体群の定義より，

$$\begin{aligned}B_1(K) &= \{\partial(b_1\langle abd\rangle + b_2\langle bcd\rangle + b_3\langle fde\rangle) \mid b_1, b_2, b_3 \in \mathbb{Z}\}\\ &= \{b_1(\langle ab\rangle + \langle bf\rangle + \langle fa\rangle) + b_2(\langle bc\rangle + \langle cd\rangle + \langle db\rangle)\\ &\quad + b_3(\langle fd\rangle + \langle de\rangle + \langle ef\rangle) \mid b_1, b_2, b_3 \in \mathbb{Z}\}\\ &\cong \mathbb{Z}^3\end{aligned}$$

(4) (2) の結果より，

$$\begin{aligned}c &= a_1(\langle ab\rangle + \langle fa\rangle + \langle bf\rangle) + a_2(\langle bc\rangle + \langle cd\rangle + \langle db\rangle)\\ &\quad + a_2(\langle fb\rangle + \langle df\rangle - \langle db\rangle) + a_4(\langle de\rangle + \langle ef\rangle + \langle fd\rangle)\\ &\quad + a_7(\langle bf\rangle + \langle fd\rangle + \langle db\rangle)\\ &= a_1(\langle ab\rangle + \langle fa\rangle + \langle bf\rangle) + a_2(\langle bc\rangle + \langle cd\rangle + \langle db\rangle)\\ &\quad + a_4(\langle de\rangle + \langle ef\rangle + \langle fd\rangle) + (a_7 - a_2)(\langle bf\rangle + \langle fd\rangle + \langle db\rangle)\end{aligned}$$

ここで，$a_1(\langle ab\rangle + \langle fa\rangle + \langle bf\rangle) + a_2(\langle bc\rangle + \langle cd\rangle + \langle db\rangle) + a_4(\langle de\rangle + \langle ef\rangle + \langle fd\rangle) \in B_1(K)$ より，

$$H_1(K) = Z_1(K)/B_1(K) = \{n(\langle bf\rangle + \langle fd\rangle + \langle db\rangle) \mid n \in \mathbb{Z}\} \cong \mathbb{Z}$$

索 引

あ 行

位 相　33, 34
位相幾何学　45
位相幾何学者の正弦曲線　80
位相空間　33
位相同型　44
位相不変量　45
1次元実射影空間　153
1対1写像　13
ε 近傍　30
ε-δ 論法　147
オイラーの定理　120
オイラー標数　18, 120

か 行

開近傍　31, 34
開集合　30
開集合族　33
可換化　72
核　68
カーネル　68
絡み目　93
関　係　10
関係データベース　10
関　数　12
奇　数　12
基　底　105
基本群　81, 84
逆　元　61
逆写像　13
逆　像　13
境　界　36

境界演算子　109, 116
境界輪体　111, 116
境界輪体群　111, 117
共通部分　6
極大平面グラフ　24
距　離　28
距離空間　29
近　傍　30, 34
空集合　6
偶　数　12
クラインの四元群　63
クラインの壺　52
クラインの壺の基本群　91
クラトフスキー　25
グラフ　24
群　60
群の直積　64
経　路　73, 75
経路の演算　77
原　像　13
交換子　70
交換子群　71
弧状連結　80
コセット　68

さ 行

鎖　108
サクセッサ関数　56
鎖　群　108
差集合　6
次　元　28, 106
四面体　20
射影化　153

射影平面	51, 53, 54, 156
射影平面の基本群	89
射影変換	158
写像	12
自由アーベル群	67
自由加群	105
自由群	67
集合	5
巡回群	67
順序関係	10
順序集合	10
順序対	7
準同型	59
準同型定理	69, 120
商群	68
商集合	11
剰余類	68
真部分集合	6
正規部分群	68
整数	57
生成元	67
正多面体	21
線形順序	11
線形変換	15
全射	13
全順序集合	11
全体集合	7
全単射	13
像	14
相対位相	36
双連続	44

た 行

対称群	65
代表元	12
多面体	20
単位元	61
単射	13
単体	96, 97
単体分割	99
頂点	98
直積	7
展開図	47
天井関数	33
同型	62
同型写像	62
同次座標	152
同相	44
同値関係	11
同値類	11
特異 n 境界輪体群	142
特異 n 鎖	142
特異 n 鎖群	142
特異 n 輪体群	142
特異ホモロジー群	140
凸結合	97
ド・モルガンの法則	8
トーラス	51
トーラスの基本群	85

な 行

| 2次元実射影空間 | 156 |
| 二部グラフ | 25 |

は 行

ハウスドルフ空間	34
半順序集合	11
左連続	42
非平面グラフ	24
複体	99
部分空間	114
部分群	65
部分集合	6
フレビッチ準同型	132
フレビッチの定理	134
閉曲面	47
閉集合	36
平面グラフ	24
平面図形	17
べき集合	7
ベクトル空間	105
ベッチ数	120

辺　98
変　換　14
補空間　115
補集合　7
ホモトピー　76
ホモトピー群　134, 138
ホモトピック　74, 75
ホモトピー同値　80
ホモロガス　119
ホモロジー群　45, 119

ま 行

マンハッタン距離　29
右連続　42
道　73
密着位相　34
向き（単体の）　102
結び目　93
結び目群　93
結び目の基本群　93
メビウスの輪　51, 54
面（単体の）　98

や 行

床関数　33
ユークリッド距離　28
ユークリッド空間　28
要　素　5

ら 行

離散位相　34
立方体の展開図　47
リーマン球面　160
輪　体　110, 116
輪体群　111
連　結　37
連結成分　18
連結な平面図形　18
連　続　38, 41, 42
連続群　66
六面体　20

わ 行

和集合　6

著 者 略 歴

山本　修身（やまもと・おさみ）
1987 年　東京大学大学院工学系研究科計数工学専攻修士課程修了
1987 年　東京工業大学理学部情報科学科助手
1994 年　株式会社管理工学研究所研究員
1997 年　青森大学工学部情報システム工学科講師
2003 年　同助教授
2004 年　名城大学理工学部情報工学科助教授
2008 年　同教授
　　　　　現在に至る
　　　　　博士（工学）

編集担当　上村紗帆（森北出版）
編集責任　富井　晃（森北出版）
組　　版　アベリー
印　　刷　中央印刷
製　　本　ブックアート

よくわかるトポロジー　　　　　　　　　　　© 山本修身　2015

2015 年 4 月 27 日　第 1 版第 1 刷発行　　【本書の無断転載を禁ず】
2019 年 8 月 30 日　第 1 版第 3 刷発行

著　者　　山本修身
発 行 者　　森北博巳
発 行 所　　森北出版株式会社
　　　　　東京都千代田区富士見 1-4-11（〒102-0071）
　　　　　電話 03-3265-8341／FAX 03-3264-8709
　　　　　https://www.morikita.co.jp/
　　　　　日本書籍出版協会・自然科学書協会　会員
　　　　　JCOPY ＜（一社）出版者著作権管理機構　委託出版物＞

落丁・乱丁本はお取替えいたします.

Printed in Japan ／ ISBN978-4-627-06171-2